新工科建设之路·计算机类专业系列教材

# Java语言编程基础

张莉　石毅　主编

電子工業出版社
Publishing House of Electronics Industry
北京·BEIJING

## 内 容 简 介

本书以实用性为原则，重点讲解 Java 基本语法、数据类型、运算符、流程控制、数组、面向对象编程的相关知识。为了加深初学者对知识的领悟，本书在确保知识讲解系统、全面的基础上，还配备了精彩的案例，对 Java 语言的相关知识加以合理的综合运用。

本书提供完善的学习资源和支持服务，包括电子教案（PPT）、案例素材、源代码、各章上机练习与课后作业参考答案、教学大纲等配套资源，可在华信教育资源网（www.hxedu.com.cn）上下载后使用。

本书可以作为普通高等院校或高职高专院校各专业 Java 语言程序设计相关课程的教材，也可以作为培训用书及技术参考书。



**图书在版编目（CIP）数据**

Java 语言编程基础 / 张莉，石毅主编. —北京：电子工业出版社，2022.3
ISBN 978-7-121-43005-3

Ⅰ. ①J… Ⅱ. ①张… ②石… Ⅲ. ①JAVA 语言－程序设计 Ⅳ. ①TP312.8

中国版本图书馆 CIP 数据核字（2022）第 031548 号

责任编辑：牛晓丽
印　　刷：三河市华成印务有限公司
装　　订：三河市华成印务有限公司
出版发行：电子工业出版社
　　　　　北京市海淀区万寿路 173 信箱　　　邮编：100036
开　　本：787×1092　1/16　　印张：14.75　　字数：377.6 千字
版　　次：2022 年 3 月第 1 版
印　　次：2022 年 3 月第 1 次印刷
定　　价：56.00 元

凡所购买电子工业出版社图书有缺损问题，请向购买书店调换。若书店售缺，请与本社发行部联系，联系及邮购电话：（010）88254888，88258888。

质量投诉请发邮件至 zlts@phei.com.cn，盗版侵权举报请发邮件至 dbqq@phei.com.cn。

本书咨询联系方式：QQ 9616328。

# 前言

欢迎进入 Java 语言编程世界，我们将重点学习 Java 数据类型与运算符、流程控制、数组、面向对象等知识。“Java 语言编程基础”课程是大家进入 Java 语言编程世界的开始，它将为后续课程的学习打下基础。本书各章的主要内容如下。

**第 1 章：**介绍 Java 语言的渊源、Java 虚拟机和跨平台原理、Java 开发环境的搭建与配置、使用“记事本”和集成开发环境（Eclipse 或 IntelliJ IDEA）开发 Java 程序等，这些知识是学好 Java 语言的基础。

**第 2 章：**介绍 Java 基本语法，包括数据类型和运算符。只有掌握了数据的运算，才能灵活地处理数据。学习完本章，将能够编写出有意义的小程序。

**第 3 章和第 4 章：**流程控制是编程的基础，这两章详细讲解了 Java 中的两种流程控制语句——选择语句和循环语句，包括 if 语句、switch 语句、while 循环语句、do…while 循环语句、for 循环语句等。学习完这部分内容，即可开发出简单的、能够灵活实现业务控制的 Java 程序。

**第 5 章：**数组是 Java 中重要的数据存储结构，本章重点讲解了 Java 中数组的用法。学习完本章，不仅可以掌握声明和初始化数组、一维数组及其使用、二维数组及其使用、遍历数组、Arrays 类的使用等知识，还可以开发出基于简单数据存取的 Java 程序。

**第 6 章：**带领大家跨入面向对象的世界。Java 是一门纯面向对象的语言，通过学习基本的面向对象编程思想，大家会对“对象”“类”“属性”及“方法”等概念有一个初步的了解。

**第 7 章：**讲解类的方法与使用。在类与对象的基础上讲解定义类的方法、方法的调用、变量的作用域等，以便读者深入了解面向对象编程。

**第 8 章：**综合运用前面章节所学的知识、技术做一个有趣的项目——外卖订餐管理系统。当今，“只要点点手指，就能送餐上门”，网上订餐越来越受到都市年轻人的青睐。在本章中，读者可运用所学到的知识和技能，独立开发一个外卖订餐管理系统，实现“查看餐袋”“我要订餐”“签收订单”“删除订单”“我要点赞”和“退出系统”6 个功能，大家一定会很有成就感。

在学习过程中，读者一定要亲自实践书中的案例代码，如果不能完全理解书中所讲的知识点，可以通过互联网等途径寻求帮助。另外，如果读者在理解知识点的过程中遇到困难，建议不要纠结于这一点，可以先往后学习。通常来讲，随着对后面知识的不断深入了解，前面看不懂的知识点一般就能理解了。如果读者在动手练习的过程中遇到问题，建议多思考，厘清思路，认真分析问题发生的原因，并在问题解决后多总结。

本书采用基础知识与案例相结合的编写方式，通过基础知识的讲解与案例的巩固，使读者快速掌握技能。千里之行，始于足下。让我们一起进入 Java 语言程序设计的精彩世界吧！

限于编者水平，书中难免会有不妥之处，欢迎各界专家和读者朋友来函提出宝贵意见，编者将不胜感激。在阅读本书时，如发现任何问题或不认同之处，均可以通过电子邮件与编者联系。请发送电子邮件至：sem00000@163.com。

编者

2021 年 12 月

# 目录

# 第 1 章

# 初识 Java

## 本章目标

◎ 了解 Java 发展历史以及语言特点

◎ 理解 Java 语言可移植性的实现原理

◎ 掌握 JDK 的安装与配置，并且可以使用 JDK 运行第一个 Java 程序

◎ 掌握 CLASSPATH 的作用及其与 JVM 的关系

◎ 熟悉 Java 的运行机制

◎ 掌握 Eclipse 开发工具的使用

## 学习方法

要达到学以致用的目的，学习 Java 和学习其他技术一样，需要做好预习、听课、完成作业以及复习总结的任务，同时还应注意：

（1）学习 Java，不仅要“知其然”，还要“知其所以然”。这就需要多查看相关的官方文档，结合源码更好地去理解。

（2）多思考，注重程序代码性能方面的调优。

（3）多动手，多敲代码，才能熟能生巧，不能只看不练。

## 本章简介

Java 是现在最为流行的编程语言，也是众多大型互联网公司首选的编程语言与技术开发平

台，它自问世以来便受到了前所未有的关注，并成为计算机、移动设备、家用电器等领域最受欢迎的开发语言之一。我们平时熟悉的网络游戏、聊天工具、播放器、杀毒软件等都被称为计算机程序。那么如何编写自己的程序呢？本章涉及的主要技能点如下：初步理解面向对象的基本概念和编程思想、掌握 Java 的基本语法、掌握 Java 的常用操作、会使用 DOS 命令开发 Java 程序。

本章将为读者讲解 Java 语言的发展历史，使读者对程序的概念和 Java 程序的基本结构有一个感性的认识，掌握 Java 的特点、开发运行环境、运行机制以及如何使用开发工具执行 Java 程序等，并使用 DOS 命令方式开发出自己的第一个 Java 程序。

## 1.1 Java概述

### 1.1.1 为什么要学习Java

在当前的软件开发行业中，Java 已经成为绝对的主流，Java 领域的 Java SE 和 Java EE 技术已成为被广泛使用的应用软件开发技术和平台（如图 1.1 所示）。因此，有人说，掌握了 Java 语言，就号准了软件开发的“主脉”。这些技术我们在后续的课程中都会陆续学到。

图 1.1 为什么要学习 Java

### 1.1.2 什么是Java

在揭开 Java 语言的神秘面纱之前，先来认识一下什么是计算机语言。计算机语言（Computer Language）是人与计算机之间通信的语言，主要由一些指令组成。这些指令包括数字、符号和语法等内容。程序员可以通过这些指令与计算机进行交互。计算机语言的种类繁多，总的来说可以分成机器语言、汇编语言、高级语言三大类。计算机所能识别的语言只有机器语言，但通常人们编程时不采用机器语言，这是因为机器语言是由二进制的 0 和 1 组成的编码，不便于记忆和识别。目前通用的编程语言是汇编语言和高级语言。汇编语言采用英文缩写的标识符，容易识别和记忆；高级语言采用接近于人类语言的自然语言，进一步简化了程序编写的过程，是目前绝大多数程序员的选择。

Java 是一种高级计算机语言。它是由 Sun 公司（已被 Oracle 公司于 2009 年 4 月 20 日收购）于 1995 年 5 月推出的一种可以编写跨平台应用软件、完全面向对象的程序设计语言。Java 语言简单易用、安全可靠，自问世以来，与之相关的技术和应用发展得非常快。在计算机、移动设备、家用电器等领域中，Java 技术无处不在。

针对不同的开发市场，Sun 公司将 Java 分为三个技术平台，它们分别是 Java SE，Java EE 和 Java ME，如图 1.2 所示。

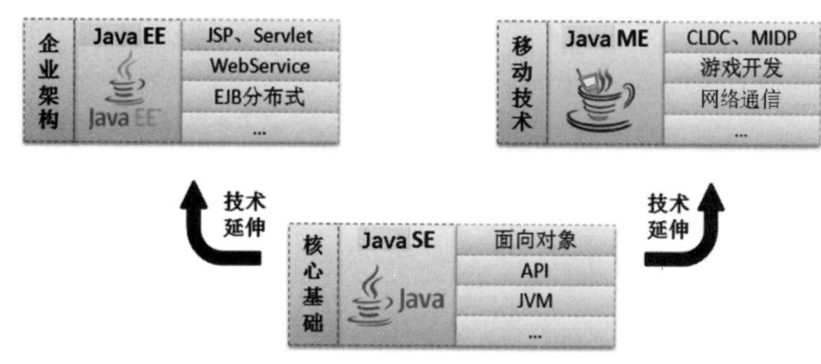


图 1.2　Java 体系结构

### 1. Java SE（Java Platform Standard Edition，Java平台标准版）

该版本是为开发普通桌面和商务应用程序提供的解决方案。Java SE 是三个平台中最核心的部分（Java EE 和 Java ME 都是在 Java SE 的基础上发展出来的），其中包括了 Java 最核心的类库，如集合、IO、数据库连接以及网络编程等。当用户安装了 JDK（Java 开发工具包）之后，就自动支持此类开发。

### 2. Java EE（Java Platform Enterprise Edition，Java平台企业版）

该版本包含 Java SE 中的所有类，是为开发企业级应用程序提供的解决方案。Java EE 可以被看作一个技术平台，该平台用于开发、装配以及部署企业级应用程序，其中主要包括 Servlet、JSP、JavaBean、EJB、Web Service、XML 和事务控制等，是现在 Java 应用的主要方向，也是目前大型系统和互联网项目开发的主要平台。

### 3. Java ME（Java Platform Micro Edition，Java平台微型版）

该版本是为开发电子消费产品和嵌入式设备提供的解决方案。Java ME 主要用于微型数字电子设备上软件程序的开发，例如智能卡、手机、PDA 和机顶盒等，为家用电器增加智能化控制和联网功能，为手机增加游戏和通讯录管理功能。此外，Java ME 支持 HTTP 等高级互联网协议，使手机能以 Client-Server（客户-服务器）方式直接访问互联网上的全部信息，进行高效的无线交流。不过，目前此类开发已经被 Android 开发所代替。

在 Java 的使用过程中会遇到大量的专业术语，如表 1.1 所示。

表 1.1 Java 术语

| 术语全称 | 缩写 | 解释 |
| --- | --- | --- |
| Java Development Kit | JDK | Java 开发工具包，编写 Java 程序的程序员使用的软件 |
| Java Runtime Environment | JRE | Java 运行环境，运行 Java 程序的用户使用的软件 |
| Standard Edition | SE | 标准版，用于桌面或简单的服务器应用的 Java 平台 |
| Enterprise Edition | EE | 企业版，用于复杂的服务器应用的 Java 平台 |
| Micro Edition | ME | 微型版，用于手机和其他小型设备的 Java 平台 |
| Java 2 | J2 | 一个过时的术语，用于描述 1998—2006 年之间的 Java 版本 |
| Software Development Kit | SDK | 软件开发工具包，一个过时的术语，用于描述 1998—2006 年之间的 JDK |
| Update | u | 修改，Oracle 的术语，用于发布修改的 bug |
| Integrated Development Environment | IDE | 集成开发环境 |
| NetBeans | — | Oracle 公司开发的一款 IDE |
| Eclipse | — | IBM 公司开发的一款功能完善且成熟的 IDE |
| IntelliJ IDEA | — | JetBrains 公司开发的一款 IDE |

### 1.1.3 Java的特点

Java 是一种简单的、面向对象的、适用于网络应用的、健壮的、安全的、结构自然的、可移植的、高性能的、多线程的、动态的语言。Java 是一种优秀的编程语言，它之所以应用广泛，受到大众的欢迎，是因为它有众多突出的特点，其中最主要的是以下几个。

#### 1. 简单易用

Java 是一种相对简单的编程语言。它通过提供最基本的方法来完成指定的任务。初学者只需掌握一些基础的概念和语法，就可以编写出很多实际可用的应用程序。Java 丢弃了 C++中很难理解的运算符重载、多重继承等模糊概念。Java 不使用指针，而是使用引用，并提供了自动的垃圾回收机制，使程序员不必过多地操心内存管理的问题。

#### 2. 安全可靠

Java 通常被用在网络环境中，它为此提供了一套可靠的安全机制来防止恶意代码的攻击。Java 程序运行之前会利用字节确认器进行代码的安全检查，确保程序不存在非法访问本地资源、文件系统的可能，从而保证了程序在网络间传送的安全性。

#### 3. 跨平台

Java 引入了虚拟机的概念。通过 Java 虚拟机（Java Virtual Machine，JVM），可以在不同的操作系统（如 Windows 和 Linux 等）上运行 Java 程序，从而实现跨平台特性。

#### 4. 面向对象

Java 将一切事物都看成对象，通过面向对象的方式，将现实世界的事物抽象成对象，将现实世界中的关系（如父子关系）抽象为继承。这种面向对象的方法，更利于人们对复杂程序的理解、分析、设计和编写。

**5．支持多线程**

Java 语言内置了多线程控制，可使用户程序并发执行。利用 Java 的多线程编程接口，程序员可以方便地写出多线程的应用程序，提高程序的执行效率。

### 1.1.4　Java的发展史

Java 是 Sun（Stanford University Network，1982 年成立，最初的 Logo 如图 1.3 所示）公司开发出来的一套编程语言，主设计者是 James Gosling（詹姆斯・高斯林，如图 1.4 所示）。Java 的名字来自一种咖啡，所以 Java 语言的 Logo 是一杯热气腾腾的咖啡。Java 最早来源于一个叫 Green 的嵌入式程序项目，开发它的目的曾经是创建能嵌入消费类电子设备的软件，构建一种既可移植又可跨平台的语言，以便通过网络对消费类电子设备进行控制。

图 1.3　Sun 公司的原始 Logo

图 1.4　James Gosling

1995 年 5 月，在 Green 项目最开始的时候，Sun 的工程师原本打算使用 C++语言进行项目的开发，但是考虑到 C++语言的复杂性，于是基于 C++语言开发出了一套自己的独立平台——Oak（被称为 Java 语言的前身，是一种用于网络的精巧的安全语言）。Sun 公司曾以此投标一个交互式电视项目，但结果被 SGI 打败。这时，Mare Andreessen 开发的 Mosaic 和 Netscape 项目启发了 Oak 项目组成员，他们开发出了 HotJava 浏览器，Java 开始进军互联网。人们发现 Java 语言既小巧又安全，而且可以移植，也能够解决跨平台的问题，因此 Java 很快取得了巨大成功，并被全世界成千上万的程序员所采用。下面按时间顺序介绍 Java 语言的发展史。

- 1995 年 5 月 23 日，Java 语言诞生。
- 1996 年，Sun 公司推出 Java 开发工具包，也就是 JDK 1.0，提供了强大的类库支持。
- 1997 年 2 月，JDK 1.1 面世，在随后的 3 周时间里，达到了 22 万次的下载量。
- 1998 年 12 月 8 日，Sun 公司发布了 Java 历史上最重要的 JDK 版本——JDK 1.2，伴随 JDK 1.2 一同发布的还有 JSP/Servlet、EJB 等规范，并将 Java 分成了 3 个版本：J2ME（Java 2 Micro Edition，Java 2 平台的微型版），应用于移动、无线及有限资源的环境；J2SE（Java 2 Standard Edition，Java 2 平台的标准版），应用于桌面环境；J2EE（Java 2 Enterprise Edition，Java 2 平台的企业版），应用于基于 Java 的应用服务器。Java 2

平台的发布，是 Java 发展过程中最重要的一个里程碑，标志着 Java 的应用开始普及。

- 2001 年 9 月 24 日，J2EE 1.3 发布。
- 2002 年 2 月 26 日，J2SE 1.4 发布。自此，Java 的计算能力有了大幅度提升。
- 2004 年 9 月 30 日，J2SE 1.5 的发布成为 Java 语言发展史上的又一个里程碑。为了显示该版本的重要性，J2SE 1.5 更名为 Java SE 5.0。
- 2005 年 6 月，JavaOne 大会召开，Sun 公司发布 Java SE 6。此时，Java 的各种版本进行了更名，取消了名称中的数字“2”，J2EE 更名为 Java EE，J2SE 更名为 Java SE，J2ME 更名为 Java ME。
- 由于互联网低潮所带来的影响，Sun 公司并没有得到很好的发展，在 2009 年 4 月 20 日被 Oracle 公司以 74 亿美元的交易价格收购。Oracle 收购 Sun 公司后的 Logo 如图 1.5 所示。2009 年 12 月，Oracle 公司发布 Java EE 6。

图 1.5 Oracle 收购 Sun 公司后的 Logo

- 2011 年 7 月 28 日，Oracle 公司发布 Java SE 7。
- 2014 年 3 月 18 日，Oracle 公司发布 Java SE 8（市场主流版本）。
- 2017 年 9 月 21 日，Oracle 公司发布 Java SE 9。
- 2018 年 3 月，Oracle 公司发布 Java SE 10。
- 2018 年 9 月，Oracle 公司发布 Java SE 11。
- 2019 年 3 月，Oracle 公司发布 Java SE 12。
- 2019 年 9 月，Oracle 公司发布 Java SE 13。
- 2020 年 3 月，Oracle 公司发布 Java SE 14。
- 2020 年 9 月，Oracle 公司发布 Java SE 15。

### 1.1.5 Java可以做什么

Java 语言这么重要，它究竟能够做什么呢？在计算机软件应用领域中，可以把 Java 应用分为两种典型类型：一种是安装和运行在本机上的桌面程序，如政府和企业中常用的各种信息管理系统；另一种是通过浏览器访问的面向互联网的应用程序，如网上数码商城系统。除此之外，Java 还能够做出非常炫的图像效果，图 1.6 和图 1.7 所示的就是使用 Java 开发的 2D 效果和 3D 立体效果的应用程序。

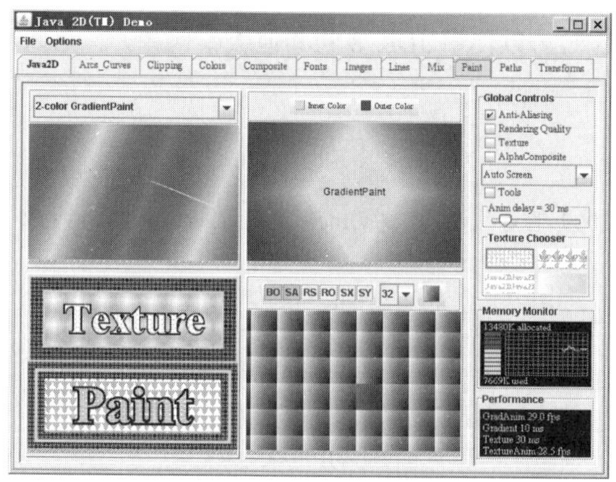

图 1.6　使用 Java 开发的 2D 效果桌面应用程序

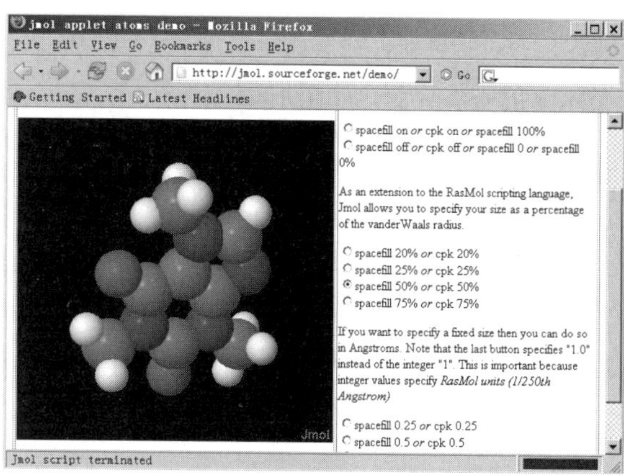


图 1.7　使用 Java 开发的 3D 立体效果互联网应用程序

## 1.2　JDK的安装与使用

### 1.2.1　什么是JDK

Sun 公司提供了一套 Java 开发环境——JDK（Java Development Kit，Java 开发工具包）。它是整个 Java 的核心，其中包括 Java 编译器、Java 运行工具、Java 文档生成工具、Java 打包工具等。

为了满足用户日新月异的需求，JDK 的版本不断升级。在 1996 年 1 月，Sun 公司发布了 Java 的第一个开发工具包 JDK 1.0，随后相继推出了 JDK 1.1，JDK 1.2，JDK 1.3，JDK 1.4，JDK 5（1.5），JDK 6（1.6），JDK 7（1.7），JDK 8（1.8）……直到目前最新版的 JDK 15。本书将针对目前市场占有率最高且最稳定的 JDK 8（也称为 Java 8 或 JDK 1.8）进行讲解。

Sun 公司除了提供 JDK，还提供 JRE（Java Runtime Environment，Java 运行环境），供普通用户使用。由于普通用户只需要运行事先编译好的 Java 程序，不需要自己动手编写，因此 JRE 中只包含 Java 运行工具，不包含 Java 编译工具。值得一提的是，为了方便使用，JDK 中自带 JRE，也就是说，开发环境中包含运行环境。这样一来，开发人员只需要在计算机上安装 JDK 即可，不需要专门安装 JRE。

### 1.2.2　安装JDK

JDK 有适用于多种操作系统的版本，各种操作系统的 JDK 在使用上基本类似。初学者可以根据自己使用的操作系统，从 Oracle 官网下载相应的 JDK 安装文件。接下来以 64 位的 Windows 10 系统为例来演示 JDK 8 的安装过程。

#### 1. 开始安装JDK

双击从 Oracle 官网下载的安装文件“jdk-8u281-windows-x64.exe”（编写本书时的最新版本，

随着 JDK 的更新，在官网上可能找不到该版本，此时可以使用 JDK 8 的其他版本代替），进入 JDK 8 的安装界面，如图 1.8 所示。

提示

前面讲解什么是 Java 时，已经介绍过 Sun 公司于 2009 年 4 月 20 日被 Oracle 公司收购，所以 Java 相关软件都需要到 Oracle 官网上下载。

### 2. 自定义安装功能和路径

单击图 1.8 中的【下一步】按钮，进入 JDK 的定制安装界面，如图 1.9 所示。

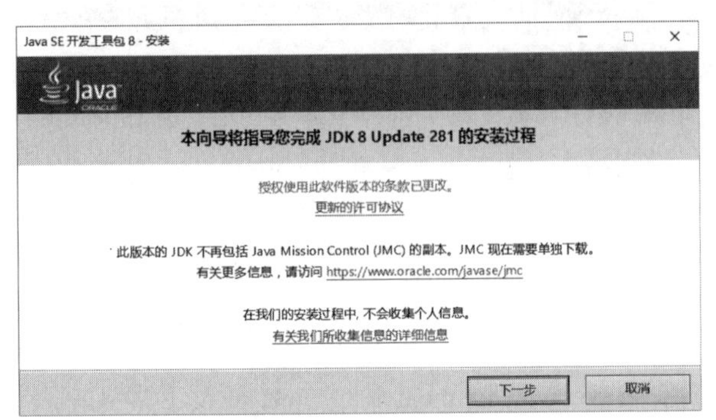


图 1.8 JDK 8 的安装界面

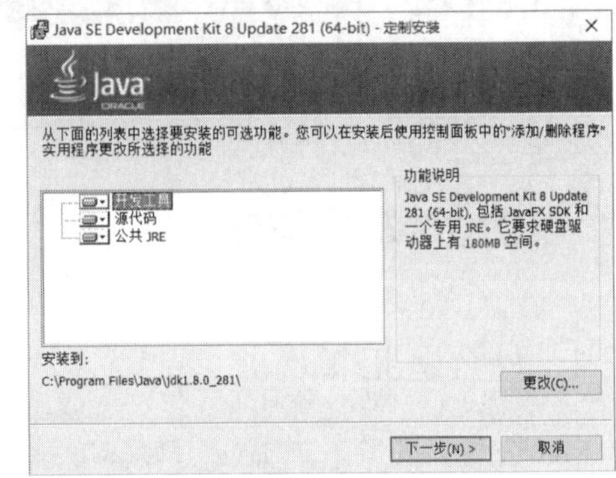


图 1.9 自定义安装功能和路径

在图 1.9 所示的界面的左侧有三个功能模块可供选择，通常情况下，只需要选择“开发工具”和“源代码”两个功能模块即可。单击某个模块后，在界面右侧的功能说明区域会显示该模块的功能说明。这三个模块的具体功能介绍如下：

- **开发工具** 是 JDK 的核心功能模块，其中包含一系列 Java 程序所必需的可执行程序，如 javac.exe 和 java.exe 等，还包含了一个专用的 JRE。
- **源代码** 安装此模块，将会安装 Java 所有核心类库的源代码。
- **公共 JRE** 是 Java 程序的运行环境。由于开发工具中已经包含了一个 JRE，因此没有必要再安装公共的 JRE，此项可以不做选择。

提示

公共 JRE 是一个独立的 JRE 系统，会单独安装在系统的其他路径下。公共 JRE 会向 IE 浏览器和系统注册 Java 运行环境，通过这种方式，系统中的任何应用程序都可以使用公共 JRE。由于现在的网站已很少在网页上直接执行 Java 小程序，而且可以使用 JDK 目录下的 JRE 来运行 Java 程序，因此不需要安装公共 JRE。

在图 1.9 所示的界面右侧有一个【更改】按钮，单击该按钮会弹出更改安装目录的界面，可以选择或直接输入路径的方式确定 JDK 的安装目录，例如“D:\Java\ jdk1.8.0.151\”，然后单击【确定】按钮即可。这里我们采用系统默认路径，不做修改。

### 3. 完成JDK安装

对所有的安装选项做出选择后，单击图 1.9 所示的界面中的【下一步】按钮开始安装 JDK。安装完毕会进入安装完成界面，如图 1.10 所示。

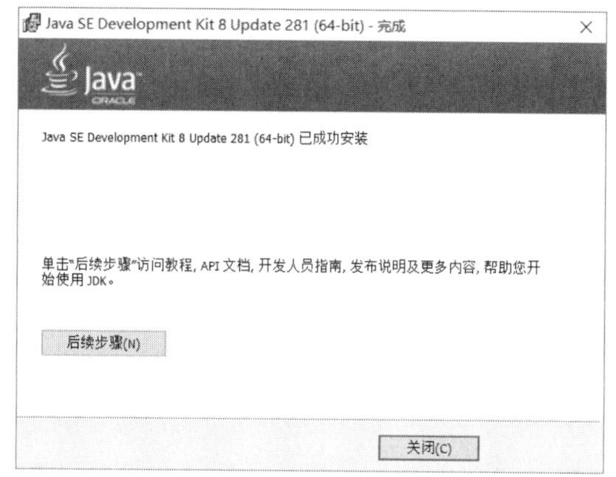


图 1.10　完成 JDK 安装

单击图 1.10 中的【关闭】按钮，关闭当前界面。

## 1.2.3　JDK目录介绍

JDK 安装完毕后，会在硬盘上生成一个目录，该目录被称为 JDK 的安装目录，如图 1.11 所示。

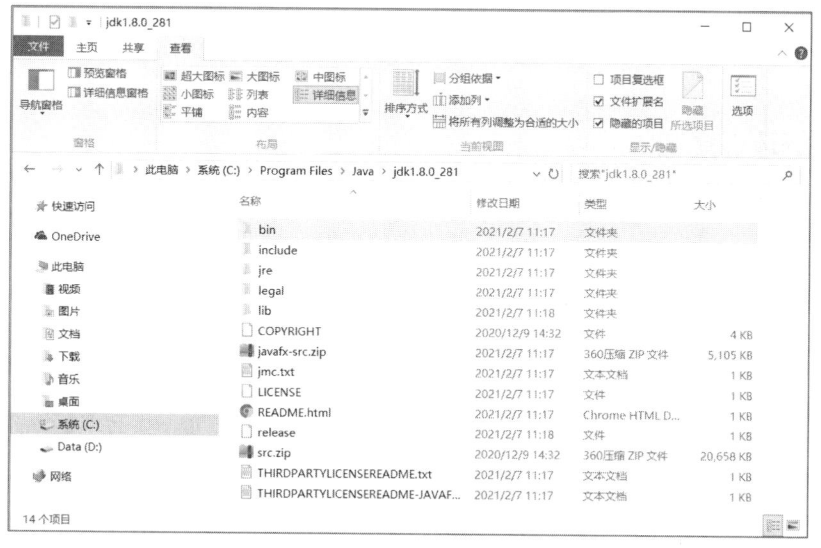


图 1.11　JDK 的安装目录

为了更好地学习 JDK，初学者需要对 JDK 安装目录下的子目录及文件的作用有所了解。接下来对 JDK 安装目录下的主要子目录及文件进行介绍。

- bin 目录。该目录用于存放一些可执行程序，如 javac.exe（Java 编译器）、java.exe（Java运行工具）、jar.exe（打包工具）和 javadoc.exe（文档生成工具）等。

- include 目录。由于 JDK 是通过 C 和 C++语言实现的，因此在启动时需要引入一些 C 语言的头文件，该目录就是用于存放这些头文件的。
- jre 目录。此目录是 Java 运行环境的根目录，它包含 Java 虚拟机、运行时的类包、Java 应用启动器以及一个 bin 目录，但不包含开发环境中的开发工具。
- lib 目录。lib 是 library 的缩写，意为 Java 类库或库文件，是开发工具使用的归档包文件。
- javafx-src.zip。该压缩文件内存放的是 Java FX（Java 图形用户界面工具）所有核心类库的源代码。
- src.zip。src.zip 为 src 文件夹的压缩文件，其中放置的是 JDK 核心类的源代码，通过解压该文件可以查看 JDK 核心类的源代码。
- README.html 等说明性文档。

在上面的目录中，bin 是一个非常重要的目录，其中存放着很多可执行程序，最重要的是 javac.exe 和 java.exe。这两个文件的主要作用如下：

- javac.exe 是 Java 编译器，它可以将编写好的 Java 源程序编译成 Java 字节码文件（可执行的 Java 程序）。Java 源程序的扩展名为.java，如“HelloWorld.java”，编译后生成对应的 Java 字节码文件，文件的扩展名为.class，如“HelloWorld.class”。
- java.exe 是 Java 运行工具，它会启动一个 Java 虚拟机（JVM）进程。Java 虚拟机相当于一个虚拟的操作系统，专门负责运行由 Java 编译器生成的字节码文件。

### 1.2.4 系统环境变量

JDK 安装完成后，要想在系统中的任何位置都能编译和运行 Java 程序，还需要对环境变量进行配置。通常来说，我们需要配置两个环境变量——Path 和 CLASSPATH。其中，Path 环境变量用于告知操作系统按指定路径去寻找 JDK，CLASSPATH 环境变量则用于告知 JDK 按指定路径去查找.class 文件。本节将针对这两个环境变量的配置进行详细讲解。

#### 1. Path环境变量

Path 环境变量用于保存系统的一系列路径，每个路径之间用英文分号（;）相隔。当在命令行窗口中运行一个可执行文件时，操作系统首先会在当前目录下寻找是否存在该文件，如果不存在，则会在 Path 环境变量中定义的路径下寻找这个文件。如果找到该文件，那么执行该文件；如果未找到，那么将出现“xxx 不是内部或外部命令，也不是可运行的程序或批处理文件”的提示信息。因此，要编译和运行 Java 程序，除了可以在 javac.exe 和 java.exe 所在目录（JDK 安装目录下的 bin 目录）中操作，还可以将 javac.exe 和 java.exe 两个可执行文件所在的路径添加到 Path 环境变量中，这样就可以在系统的任何位置编译和运行 Java 程序了。

以 Windows 10 系统为例，配置 Path 环境变量的步骤如下：

①打开【环境变量】对话框。右击桌面上的【计算机】图标，从下拉菜单中选择【属性】选项，在出现的【系统】窗口中选择左边的【高级系统设置】选项，然后在打开的【高级】窗口中单击【环境变量】按钮，打开【环境变量】对话框，如图 1.12 所示。

图 1.12　【环境变量】对话框

②配置 JAVA_HOME 变量。单击【系统变量】区域中的【新建】按钮，弹出【新建系统变量】对话框，在【变量名】文本框中输入“JAVA_HOME”，在【变量值】文本框中输入 JDK 的安装目录“C:\Program Files\Java\jdk1.8.0_281”（以用户的 JDK 安装目录为准），如图 1.13 所示。输入完成后，单击【确定】按钮，完成 JAVA_HOME 的配置。

新建系统变量
变量名(N): JAVA_HOME
变量值(V): C:\Program Files\Java\jdk1.8.0_281
确定 取消

图 1.13　【新建系统变量】对话框

③配置 Path 变量。在 Windows 系统中，由于名为 Path 的环境变量已经存在，所以我们直接修改该环境变量值即可。在【环境变量】对话框的【系统变量】列表框中选中名为“Path”的系统变量，单击【编辑】按钮，打开【编辑系统变量】对话框，在【变量值】文本框的起始位置添加“%JAVA_HOME%\bin;”，如图 1.14 所示。

编辑系统变量
变量名(N): Path
变量值(V): %JAVA_HOME%\bin;C:\Program Files\Common Files\Oracle\Java\javapath;D:\soft\Python
确定 取消

图 1.14　【编辑系统变量】对话框

其中，“%JAVA_HOME%”代表环境变量 JAVA_HOME 的当前值（即 JDK 的安装目录）；“bin”为 JDK 安装目录中的 bin 目录；英文半角分号（;）表示分隔符，用来与其他变量值隔开。单击【确定】按钮，即完成 Path 环境变量的配置。

为了验证 Path 环境变量是否配置成功，可以依次单击【开始】→【所有程序】→【附件】→【运行】选项（或者使用快捷键 Win+R），在打开的“运行”窗口中输入“cmd”指令并单击【确定】按钮，打开命令行窗口。在该窗口中执行 javac 命令后，如果能正常显示 javac 命令的帮助信息，即说明 Path 环境变量配置成功，如图 1.15 所示。

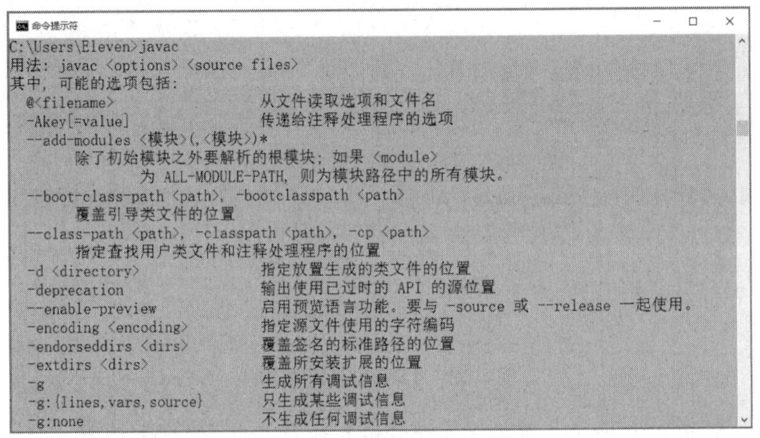


图 1.15 javac 命令的帮助信息

**提示**

在配置 Path 环境变量时，JAVA_HOME 环境变量并不是必须配置的，也可以直接将 JDK 的安装目录（C:\Program Files\Java\jdk1.8.0_281）添加到 Path 环境变量中。这里配置 JAVA_HOME 的好处是，当 JDK 的版本或安装目录发生变化时，只需要修改 JAVA_HOME 的值，而不用修改 Path 环境变量的值。

### 2. CLASSPATH环境变量

CLASSPATH 环境变量也用于保存一系列路径，当 Java 虚拟机需要运行一个类时，会在 CLASSPATH 环境变量所定义的路径下寻找所需的 class 文件和类包。CLASSPATH 环境变量的配置方式与 Path 环境变量的配置方式类似，只不过新建的变量名为“CLASSPATH”，而变量值为“.;%JAVA_HOME%\lib\dt.jar;%JAVA_HOME%\lib\tools.jar”，如图 1.16 所示。

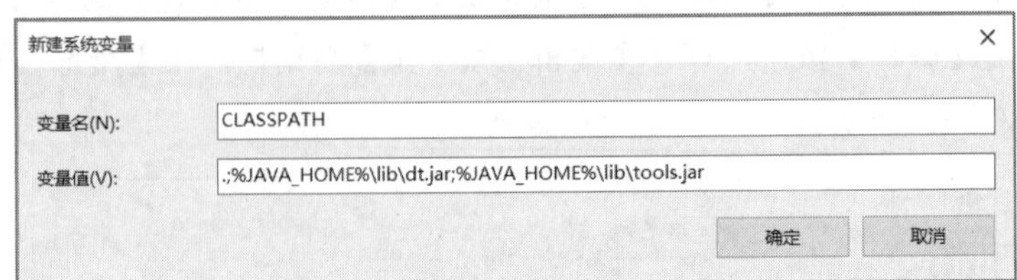


图 1.16 配置 CLASSPATH 环境变量

需要注意的是，在配置 CLASSPATH 变量时，必须在配置路径前添加一个点（.）来识别当前目录下的 Java 类。在 JDK 1.4 之前的版本中，CLASSPATH 环境变量是必须配置的，但从

JDK 5 开始，如果没有配置 CLASSPATH 环境变量，那么 Java 虚拟机会自动搜索当前路径下的类文件，并且自动加载 dt.jar 和 tools.jar 文件中的 Java 类，因此可以不配置 CLASSPATH 环境变量。

### 1.2.5　技能训练

安装 JDK

**需求说明**

根据前面的介绍下载与安装 JDK。

## 1.3　开发第一个Java程序

在前面我们已经搭建好了 Java 开发环境，在对 Java 有了初步的认识之后，大家一定已经迫不及待地想知道程序是怎么开发的了吧？为了让初学者更好地完成第一个 Java 程序，接下来通过编写源程序、编译、运行三个步骤进行讲解，如图 1.17 所示。

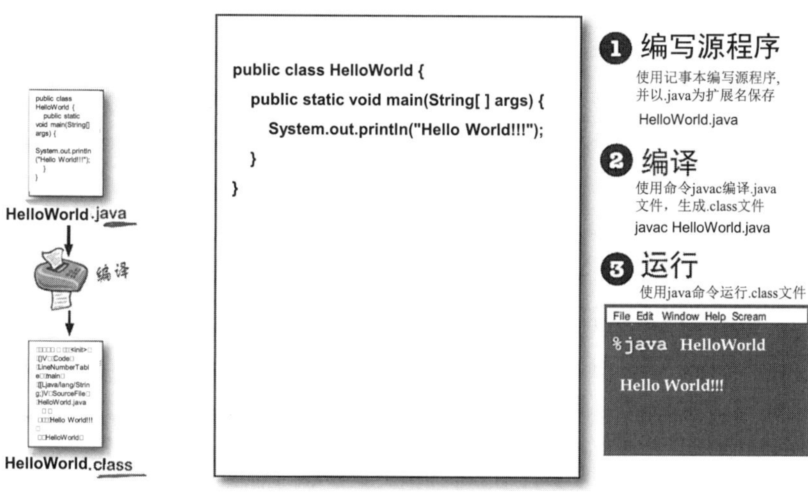


图 1.17　Java 程序开发过程

### 1.3.1　编写Java源程序

在 D 盘根目录下新建一个 test 文件夹，在该文件夹中新建一个文本文档，并将其命名为 HelloWorld.java，然后用“记事本”程序打开，在其中编写一段 Java 代码，如示例 1 所示。

【示例 1】　HelloWorld.java

```
public class HelloWorld {
    public static void main(String[] args) {
        System.out.println("Hello World!!!");
    }
}
```

通过前面的学习，大家已经了解到 Java 语言是一门高级程序语言。在明确了要计算机做的事情之后，把要下达的指令逐条使用 Java 语言描述出来，就是编写程序。通常，人们称这个文件为源程序或者源代码，我们创建的 HelloWorld.java 就是一个 Java 源程序。就像 Word 文档使用.doc 作为扩展名一样，Java 源程序使用.java 作为扩展名。示例 1 中的代码实现了一个 Java 程序，下面对其中的代码进行解释说明。

- class 是一个关键字，它用于定义一个类。在 Java 中，类就是一个程序的基本单元，所有的代码都需要在类中书写。
- HelloWorld 是类的名称，简称类名。class 关键字与类名之间需要用空格、制表符、换行符等任意空白字符进行分隔。类名之后要写一对花括号，它定义了当前这个类的管辖范围。
- “public static void main(String[] args){}”定义了一个 main()方法，该方法是 Java 程序的执行入口，程序将从 main()方法后花括号内的代码开始执行。
- 在 main()方法中编写了一条执行语句“System.out.println("Hello World!!!");”，它的作用是打印一段文本信息，执行完这条语句会在命令行窗口中打印“Hello World!!!”。

在编写程序时，需要特别注意的是，程序中出现的空格、括号、分号等符号必须采用英文半角格式，否则程序会出错。

## 1.3.2 使用命令行工具

对前面编写好的 Java 源程序，通过命令行窗口编译并运行程序。

### 1. 使用命令行窗口进入指定目录

JDK 中提供的大多数可执行文件都能在命令行窗口中运行，javac.exe 和 java.exe 两个可执行文件也不例外。依次单击【开始】→【所有程序】→【附件】→【运行】选项（或者使用快捷键 Win+R），在打开的“运行”窗口中输入“cmd”指令并单击【确定】按钮，打开命令行窗口，并通过如下命令进入 test 目录。

```
D:
cd test
```

进入指定的目录后，效果如图 1.18 所示。

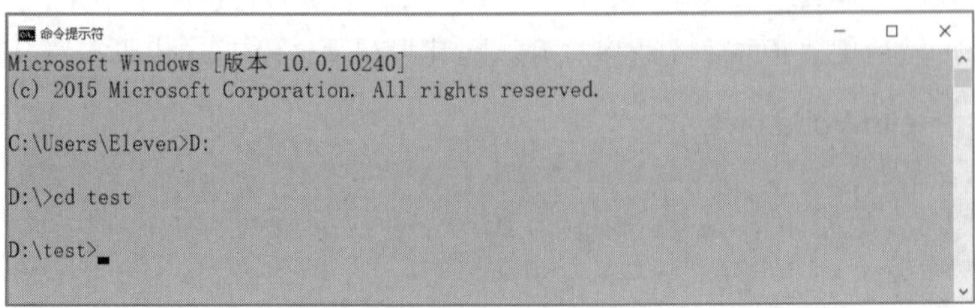


图 1.18 进入 test 目录

### 2. 编译Java源程序

在命令行窗口中输入“javac HelloWorld.java”命令，对源程序进行编译，如图 1.19 所示。

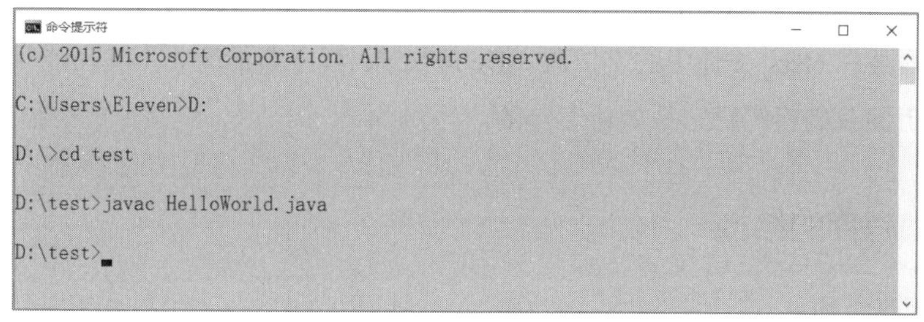


图 1.19 编译 HelloWorld.java 源程序

编译时就要用到“翻译官”了，也就是通常所说的编译器。经过它的翻译，输出结果就是一个扩展名为.class 的文件，称为字节码文件。上面的 javac 命令执行完毕后会在当前目录下生成一个字节码文件“HelloWorld.class”。

注意

在命令行窗口中使用 javac 命令对带有中文的 Java 源程序进行编译时，必须保证源程序的编码格式和命令行窗口的解码格式一致，否则会出现源程序编译错误。在中文环境下，命令行窗口的默认编码格式是 GBK，而“记事本”的编码格式也是 GBK，所以在第 1 步编写 HelloWorld.java 源程序时，可以直接使用 Windows 系统自带的“记事本”进行编辑并保存。如果读者在第 1 步使用其他文本编辑器（如 EditPlus 和 Notepad++等）编写 Java 源程序，这些文本编辑器的默认编码格式多为 UTF-8，那么必须将 Java 源程序以 GBK 格式编译，或者将命令行窗口更改为与文本编辑器相同的编码格式，否则编译时会报错。

### 3. 运行Java程序

在命令行窗口中输入“java HelloWorld”命令，运行编译好的字节码文件，运行结果如图 1.20 所示。

图 1.20 运行 HelloWorld 程序

从图 1.20 可以看出，窗口中已经显示了源程序代码中的输出信息。在 Java 平台上运行生成的字节码文件，便可看到运行结果。那么，到底什么是编译器？在哪里能看到程序的运行结果呢？JDK 能够实现编译和运行的功能。

上面的步骤演示了编写、编译以及运行一个 Java 程序的过程。其中有两点需要注意：第一，在使用 javac 命令进行编译时，需要输入完整的文件名，如上例中的程序在编译时需要输入“javac HelloWorld.java”；第二，在使用 java 命令运行程序时，需要的是类名，而非完整的文件名，如上例中的程序在运行时，只需要输入“java HelloWorld”，而不是“java HelloWorld.class”。

我们已经编译并运行了第一个 Java 程序。那么，刚才都进行了哪些操作呢？javac 命令是一个 Java 编译器，它将文件 HelloWorld.java 编译成 HelloWorld.class，并发送给 Java 虚拟机。虚拟机执行编译器放在.class 文件中的字节码。HelloWorld 程序非常简单，其功能只是向控制台输出一条消息，后面我们将解释它是如何工作的。

### 1.3.3 Java程序的结构

#### 1. Java程序结构

我们可以认为，一个 Java 程序是一系列对象的集合，而这些对象通过调用彼此的方法来协同工作。下面简要介绍类、对象、方法和实例变量的概念。

- **类** 类是一个模板，它描述一类对象的行为和状态。
- **对象** 对象是类的一个实例，有状态和行为。例如，一条狗是一个对象，它的状态有：颜色、名字、品种；行为有：摇尾巴、叫、吃等。
- **方法** 方法就是行为，一个类可以有很多方法。逻辑运算、数据修改以及所有动作都是在方法中完成的。
- **实例变量** 每个对象都有独特的实例变量，对象的状态由这些实例变量的值决定。

#### 2. 剖析类

示例 1 是一段简单的 Java 代码，作用是向控制台输出“Hello World!!!”信息。下面来分析程序的各个组成部分。通常，盖房子要先搭一个框架，然后才能添砖加瓦，Java 程序也有自己的框架。

**（1）编写程序框架**

```
public class HelloWorld {}
```

其中，HelloWorld 为类的名称，它要和程序文件的名称一模一样。至于“类”，我们将在以后的章节中深入学习。类名前面要用 public（公共的）和 class（类）两个词修饰，它们的先后顺序不能改变，中间要用空格分隔。类名后面跟一对花括号，所有属于该类的代码都放在其中。

**（2）编写 main()方法的框架**

当 Java 虚拟机启动执行时，它会寻找 javac 命令所指定的类，然后锁定像下面这样的一个特定方法：

```
public static void main(String[] args) {
    //程序代码写在这里
}
```

接着，Java 虚拟机就会执行 main()方法花括号间的所有指令。每个 Java 程序最少有一个类，但只有一个 main()方法。main()方法有什么作用呢？正如房子不管有多大、有多少个房间都要从门进入一样，程序也要从一个固定的位置开始执行，这个位置称为“入口”。main()方法就是 Java 程序的入口，是所有 Java 程序的起始点。没有 main()方法，计算机就不知道该从哪里开始执行程序。

在编写 main()方法时，要按照上面的格式和内容进行编写。main()方法前面使用 public，static，void 修饰，它们都是必需的，而且顺序不能改变，中间用空格分隔。另外，main()方法后面的圆括号和其中的内容“String[] args”必不可少。目前，只要准确牢记 main()方法的框架就可以了，在以后的章节中会慢慢介绍它每部分的含义。main()方法后面也有一对花括号，让计算机执行的指令都写在里面。从本章开始的相当长的一段篇幅中，都要在 main()方法中编写程序。

### 3．编写代码

```
System.out.println("Hello World!!!");
```

这一行代码的作用是向控制台输出“Hello World!!!”。System.out.println()是 Java 语言自带的功能，使用它可以向控制台输出信息。print 的含义是“打印”，ln 可以看作 line（行）的缩写，println 可以理解为打印一行。要实现向控制台打印的功能，前面要加上“System.out.”。在程序中，把需要输出的内容用英文双引号引起来放在 println()中即可。另外，以下语句也可以实现打印输出：

```
System.out.print("Hello World!!!");
```

问题：System.out.println()和 System.out.print()有什么区别?

解答：它们两个都是 Java 提供的用于向控制台打印输出信息的语句。不同的是，System.out.println()在打印完引号中的信息后会自动换行，System.out.print()在打印完引号中的信息后不会自动换行。举例如下。

代码片段 1：

```
System.out.println("我的爱好：");
System.out.println ("打网球");
```

代码片段 2：

```
System.out.print("我的爱好：");
System.out.print("打网球");
```

代码片段 1 的输出结果如下：

```
我的爱好：
打网球
```

代码片段 2 的输出结果如下：

```
我的爱好：打网球
```

“System.out.println("");”和“System.out.print("\n");”可以达到同样的效果，引号中的“\n”指将光标移动到下一行的第一格，也就是换行。这里“\n”称为转义字符。另外一个比较常用的转义字符是“\t”，它的作用是将光标移动到下一个水平制表位（一个制表位等于 4 个空格）。

### 1.3.4 Java程序的注释

在编写程序时，为了方便阅读、使代码易于理解，通常会在实现功能的同时为代码加一些说明性的文字，这就是注释。注释是对程序的某个功能或者某行代码的解释说明，它只在 Java 源程序中有效，在编译程序时，编译器并不处理这些注释，不会将其编译到 class 字节码文件中去，所以不用担心添加注释会增加程序的负担。在 Java 中，常用的注释有 3 种：单行注释、多行注释和文档注释。

#### 1. 单行注释

如果说明性的文字较少，则可以放在一行中，即可以使用单行注释。单行注释使用“//”开头，每一行中“//”后面的文字都被认为是注释。单行注释通常用在代码行之间，或者一行代码的后面，用来说明某一块代码的作用。在示例 1 的代码中添加一个单行注释，用来说明 System.out.println()的作用，如示例 2 所示。这样，当别人看到这个文件的时候，就知道注释下面那行代码的作用是输出信息到控制台。

【示例 2】 单行注释

```
public class HelloWorld{
    public static void main(String[] args){
        //输出消息到控制台
        System.out.println("Hello World!!!");
    }
}
```

### 2. 多行注释

多行注释以“/*”开头，以“*/”结尾，在“/*”和“*/”之间的内容都被看作注释。当要说明的文字较多，需要占用多行时，可使用多行注释。

【示例 3】　多行注释

```
public class HelloWorld{
    public static void main(String[] args){
        /*
        这是一个多行注释
        */
        System.out.println("Hello  World!!!");
    }
}
```

### 3. 文档注释

文档注释以“/**”开头，每行内容前加一个“*”，并在注释内容末尾以“*/”结束。通常在一个源程序开始之前，编写注释对整个文件做一些说明，包括文件的名称、功能、作者、创建日期等。文档注释是对一段代码概括性的解释说明，可以使用 javadoc 命令将文档注释提取出来生成帮助文档。

【示例 4】　文档注释

```
/**
 * HelloWorld.java
 * 2021-05-01
 * 第一个 Java 程序
 */
public class HelloWorld{
    public static void main(String[] args){
        System.out.println("Hello  World!!!");
    }
}
```

提示

为了美观，程序员一般喜欢在多行注释的每一行开始处都写一个*。有时，程序员也会在多行注释的开始行和结束行中输入一串*。它们的作用只是为了美观，不会对注释本身产生影响。

## 1.3.5　Java编码规范

日常生活中，大家都要学习普通话，目的是让不同地区的人之间更加容易沟通。编码规范就是程序世界中的“普通话”。编码规范对于程序员来说非常重要。为什么这样说呢？因为一个软件在开发和使用过程中，80%的时间是花费在维护上的，而且软件的维护工作通常不是由最初的开发人员来完成的。编码规范可以提高代码的可读性，使软件开发和维护更加方便。

在本书中，我们特别强调编码规范，这些规范是一个程序员应该遵守的基本规则，是行业内人们都遵守的做法。现在把示例 1 的代码做一些修改，去掉 class 前面的 public，如下所示，再次运行程序，仍然能够得到想要的结果。这说明程序没有错误，那么为什么还要使用 public 呢？这就是一种编码规范。

```
class HelloWorld{
    public static void main(String[] args){
        //输出消息到控制台
        System.out.println("Hello  World!!!");
    }
}
```

可见，不遵守编码规范的代码并不一定是错误的代码，但是一段好的代码不仅能够完成某项功能，还应该遵守相应的编码规范。从一开始就按照编码规范编写代码，是成为一名优秀程序员的基本条件。在本章中，请对照上面的代码记住以下编码规范：

- 类名必须使用 public 修饰。
- 一行只写一条语句。
- 用{}括起来的部分通常表示程序的某一层次结构。“{”一般放在这一结构开始行的最末；“}”放在这一结构最后一行下面，与该结构的第一个字母对齐，并单独占一行。
- 低一层次的语句或注释应该比高一层次的语句或注释缩进若干空格后再书写，使程序更加清晰、可读性更好。
- Java 是大小写敏感的，这就意味着标识符 Hello 与 hello 是不同的。
- 对于所有的类来说，类名的首字母都应该大写。如果类名由若干单词组成，那么每个单词的首字母都应该大写，例如 MyFirstJavaClass。
- 所有的方法名都应该以小写字母开头。如果方法名含有若干单词，则后面每个单词的首字母大写。
- 源程序名必须和类名相同。当保存文件的时候，应该使用类名作为文件名保存（切记，Java 是大小写敏感的），文件名的后缀为.java。如果文件名和类名不相同，则会导致编译错误。
- 所有的 Java 程序均从 main()方法开始执行。

## 1.3.6 技能训练

### 上机练习 2 完成第一个 Java 程序

**需求说明**

创建一个名为 FirstAPP.java 的文件，编写代码，使用命令行的方式输出以下内容：

```
我的第一个 Java 程序!!
```

# 1.4　Java程序运行机制

使用 Java 语言进行程序设计时，不仅要了解 Java 语言的显著特点，还需要了解 Java 程序的运行机制。Java 程序运行时，必须经过编译和运行两个步骤：首先将扩展名为.java 的源程序进行编译，生成扩展名为.class 的字节码文件；然后，Java 虚拟机对字节码文件进行解释执行，并将结果显示出来。

## 1.4.1　高级语言的运行机制

计算机不能直接理解除机器语言外的语言，因此我们需要把程序员写的代码编译成机器语言，然后交给计算机执行。将其他语言翻译为机器语言的工具，称为编译器。计算机高级语言按程序的执行方式可以分为编译型和解释型两种，这两种方式的区别在于翻译时间点不同。图 1.21 描述了编译型语言和解释型语言被翻译为机器语言的过程。

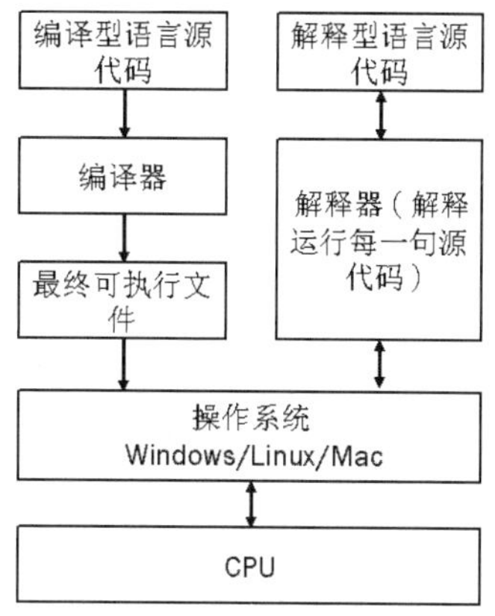


图 1.21　编译器翻译语言过程

- **编译型语言**　程序在执行之前需要一个专门的编译过程，把程序编译为机器语言的文件，运行时不需要重新编译，直接使用编译的结果就可以了。编译型语言依赖编译器，它的执行效率高，但是跨平台性略差。
- **解释型语言**　源代码不需要进行预先编译，以文本方式存储程序代码，将代码一句一句直接解释运行。在发布程序时，看起来省了编译工序，但是在程序运行的时候，必须先解释再运行。

Java 语言是一种特殊的高级语言，它既具有解释型语言的特征，也具有编译型语言的特征，因为 Java 程序要经过先编译、后解释两个步骤。

## 1.4.2　Java程序的执行过程

为了让初学者能更好地理解 Java 程序的运行过程，接下来以示例 1 为例，通过图 1.22 来详细分析程序的执行过程。

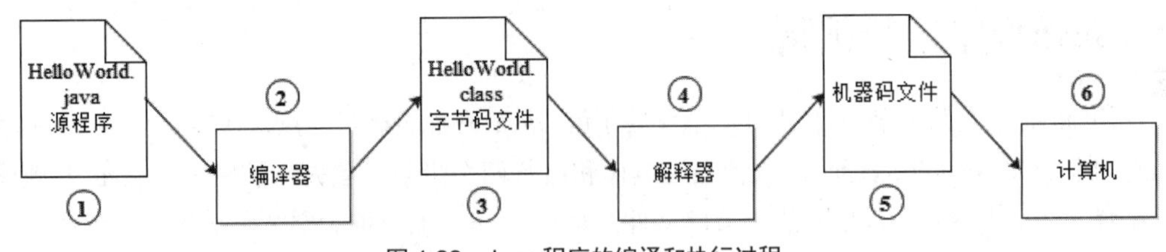


图 1.22 Java 程序的编译和执行过程

图 1.22 中的具体执行步骤分析如下：

①编写一个 Java 源程序 HelloWorld.java。

②使用“javac HelloWorld.java”命令开启 Java 编译器并进行编译。

③编译结束后，自动生成一个名为“HelloWorld.class”的字节码文件。

④使用“java HelloWorld”命令启动 Java 虚拟机运行程序，Java 虚拟机首先将编译好的字节码文件加载到内存中，这个过程被称为类加载，它是由类加载器完成的，然后 Java 虚拟机通过 Java 解释器对加载到内存中的 Java 类进行解释执行。

⑤执行后生成计算机可以识别的机器码文件。

⑥计算机运行机器码文件并显示结果。

### 1.4.3 Java虚拟机（JVM）

通过上面的分析不难发现，Java 程序是由虚拟机负责解释执行的，而并非操作系统。这样做的好处是可以实现 Java 程序的跨平台。也就是说，在不同的操作系统中，可以运行相同的 Java 程序，各操作系统中只需安装不同版本的 Java 虚拟机即可。Java 不但适用于开发单机应用程序和基于网络的程序，而且可用于开发消费类设备和附件的程序，如手机、掌上导航系统等。图 1.23 所示的为各种操作系统中的 Java 虚拟机。

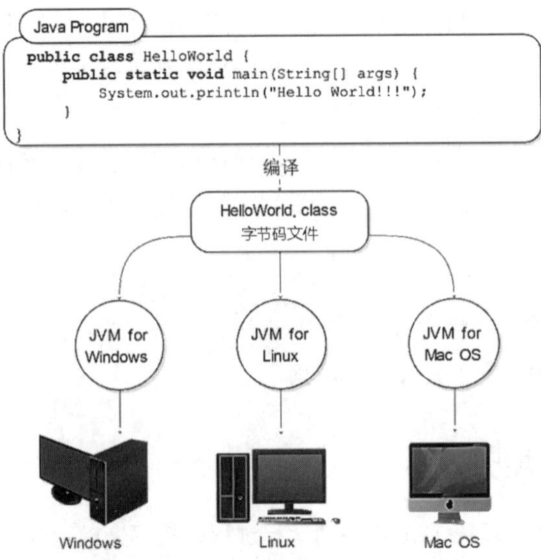


图 1.23 各种操作系统中的 Java 虚拟机

从图 1.23 可以看出，不同的操作系统需要使用不同版本的 Java 虚拟机，这种方式使得 Java 语言具有“一次编写，到处运行（write once，run anywhere）”的特性，有效地解决了程序设计语言在不同操作系统中编译时产生不同机器代码的问题，大大降低了程序开发和维护成本。需要注意的是，Java 程序通过 Java 虚拟机可以实现跨平台特性，但 Java 虚拟机并不是跨平台的。不同操作系统中的 Java 虚拟机是不同的，即 Windows 平台上的 Java 虚拟机不能在 Linux 平台上使用，反之亦然。

Java 虚拟机是可运行 Java 字节码文件的虚拟计算机系统。我们可以将 Java 虚拟机看作一个微型操作系统，在它上面可以执行 Java 的字节码文件。它附着在具体操作系统之上，本身具有一套虚拟机指令，但它通常在软件上而不是在硬件上实现。Java 虚拟机形成一个抽象层，将底层硬件平台、操作系统与编译过的代码联系起来。Java 实现跨平台性，字节码文件具有通用的形式，只有通过 Java 虚拟机处理后才可以转换成具体计算机可执行的程序。Java 程序的执行过程如图 1.24 所示。

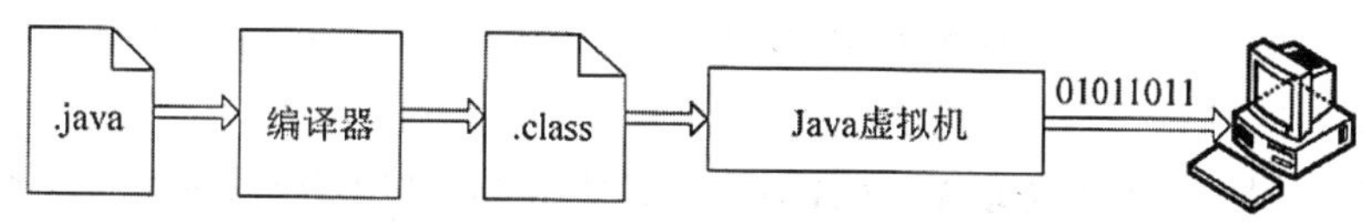


图 1.24 Java 程序的执行过程

Java 语言比较特殊，由 Java 语言编写的程序需要经过编译步骤，但这个编译步骤并不会生成特定平台的机器码，而是生成一种与平台无关的字节码文件（也就是*.class 文件）。这种字节码文件不是可执行的，必须使用 Java 解释器来解释执行。因此，我们可以认为：Java 语言既是编译型语言，也是解释型语言，或者说 Java 语言既不是纯粹的编译型语言，也不是纯粹的解释型语言。Java 程序的执行过程必须经过先编译、后解释两个步骤。

Java 语言里负责解释执行字节码文件的是 Java 虚拟机，即 JVM（Java Virtual Machine）。Java 虚拟机是可运行 Java 字节码文件的虚拟计算机。所有平台上的 Java 虚拟机向编译器提供相同的编程接口，而编译器只需要面向虚拟机，生成虚拟机能理解的代码，然后由虚拟机来解释执行。在一些虚拟机的实现中，还会将虚拟机代码转换成特定系统的机器码执行，从而提高执行效率。

当使用 Java 编译器编译 Java 程序时，生成的是与平台无关的字节码文件，这些字节码文件不面向任何具体平台，只面向 Java 虚拟机。不同平台上的 Java 虚拟机是不同的，但它们都提供了相同的接口。Java 虚拟机是 Java 程序跨平台的关键部分。只要为不同平台实现了相应的虚拟机，编译后的 Java 字节码文件就可以在该平台上运行。显然，相同的字节码文件要在不同的平台上运行，这几乎是“不可能的”，只有通过中间的转换器才可以实现，Java 虚拟机就是这个转换器。Java 虚拟机是一个抽象的计算机，与实际的计算机一样，它具有指令集并使用不同的存储区域。它负责执行指令，还要管理数据、内存和寄存器。

Java 虚拟机的作用很容易理解，就像我们有两支不同的笔，但需要把同一个笔帽套在两支不同的笔上，

只有为这两支笔分别提供一个转换器，这个转换器向上的接口相同，用于适应同一个笔帽；向下的接口不同，用于适应两支不同的笔。在这个类比中，我们可以近似地将两支不同的笔理解为不同的操作系统，而同一个笔帽就是 Java 字节码文件，转换器则是 Java 虚拟机。我们也可以认为 Java 虚拟机分为向上和向下两个部分，所有平台上的 Java 虚拟机向上提供给 Java 字节码文件的接口完全相同，但向下适应不同平台的接口则互不相同。

## 1.5 使用集成开发环境

集成开发环境（Integrated Development Environment，IDE）是用于提供程序开发环境的应用程序，一般包括代码编辑器、编译器、调试器和图形用户界面等工具，是集成了代码编写功能、分析功能、编译功能、调试功能等的一体化开发软件服务套。所有具备这一特性的软件或者软件套（组）都可以叫集成开发环境。

在掌握了编译和运行 Java 程序的基本步骤之后，就可以使用专业的开发环境了。Eclipse 和 IntelliJ IDEA 是很好的选择。在过去的 20 多年中，这些集成开发环境变得功能非常强大，操作也非常方便，以至于不选用它们将是极其不理智的。尽管 IntelliJ IDEA 发展的速度比较快，但在本章中，还是打算分别介绍如何使用 Eclipse 与 IntelliJ IDEA。不管选择使用何种集成开发环境，都也可以完成本书的所有程序。总之，应当了解如何使用基本的 JDK 工具，这样才会感受到使用集成开发环境是一种享受。

### 1.5.1 Eclipse开发工具

在实际项目开发过程中，由于使用“记事本”编写代码速度慢且容易出错，因此程序员很少用它来编写代码。为了提高程序的开发效率，大部分程序员都使用集成开发工具来进行 Java 程序的开发。正所谓“工欲善其事，必先利其器”，接下来就为读者介绍一种常用的 Java 开发工具——Eclipse。

#### 1. Eclipse概述

Eclipse 是由蓝色巨人 IBM 花费巨资开发的一个功能完善且成熟的集成开发环境，它是一个开源的、基于 Java 的可扩展开发平台，是目前最流行的 Java 语言开发工具之一。Eclipse 具有强大的代码编排功能，可以帮助程序开发人员完成语法修正、代码修正、代码补全、信息提示等工作，大大提高了程序开发的效率。

Eclipse 的设计思想是“一切皆插件”。就其本身而言，它只是一个框架和一组服务，所有的功能都是通过将插件加入 Eclipse 框架中来实现的。Eclipse 作为一款优秀的开发工具，自身附带了一个标准的插件集，其中包括 Java 开发工具（JDK）。本教材后续章节的 Java 代码编写及运行都将采用 Eclipse 开发工具。在接下来的两个小节中，我们将为读者详细地讲解 Eclipse 工具的安装和使用。

### 2. Eclipse的安装与启动

Eclipse 的安装非常简单，仅需要将下载后的压缩文件进行解压即可。接下来，分别从安装、启动、工作台以及透视图等方面进行详细讲解。

**（1）安装 Eclipse 开发工具**

Eclipse 是针对 Java 编程的集成开发环境，读者可以登录 Eclipse 官网免费下载。安装 Eclipse 时，只需将下载好的压缩文件解压保存到指定目录（例如 D:\soft\eclipse）下就可以使用了。本教材使用的 Eclipse 版本是 Neon.3 Release（4.6.3）。

**（2）启动 Eclipse 开发工具**

完成安装后，就可以启动 Eclipse 开发工具了，具体步骤如下：

①在 Eclipse 安装目录中双击运行 eclipse.exe 文件，出现如图 1.25 所示的启动界面。

图 1.25　Eclipse 启动界面

②Eclipse 启动完成后会弹出一个对话框，提示选择工作空间（Workspace），如图 1.26 所示。

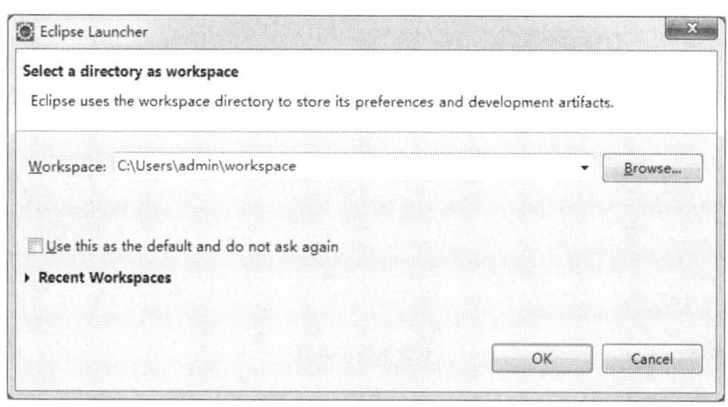


图 1.26　选择工作空间

工作空间用于保存 Eclipse 中创建的项目和相关设置，可以使用 Eclipse 提供的默认路径，也可以单击【Browse】按钮来更改路径。工作空间设置完成后，单击【OK】按钮即可。

需要注意的是，Eclipse 每次启动都会出现选择工作空间的对话框。如果不想每次都选择工作空间，可以将图 1.26 中的【Use this as the default and do not ask again】复选框选中，这就相当于为 Eclipse 工具选择了默认的工作空间，再次启动时将不再出现提示对话框。

③工作空间设置完成后，由于是第一次打开 Eclipse，因此会进入欢迎界面，如图 1.27 所示。

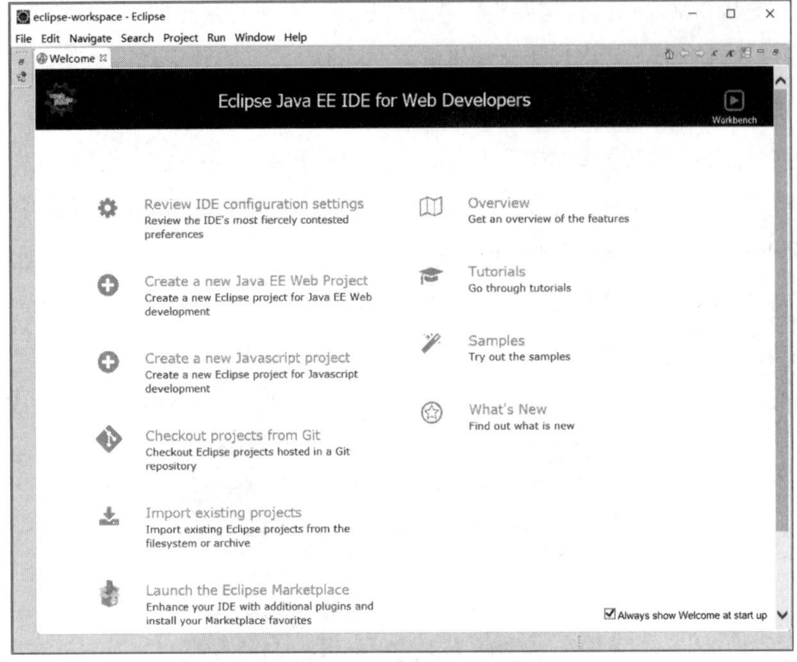


图 1.27 Eclipse 欢迎界面

在图 1.27 所示的欢迎界面中，包含 Eclipse 的概述、样本、新增功能、创建新工程等链接，单击相应的链接后，即会进入相应的功能界面。

**（3）Eclipse 工作台**

关闭欢迎界面窗口，进入 Eclipse 工作台界面。Eclipse 工作台主要由标题栏、菜单栏、工具栏、透视图四部分组成，如图 1.28 所示。

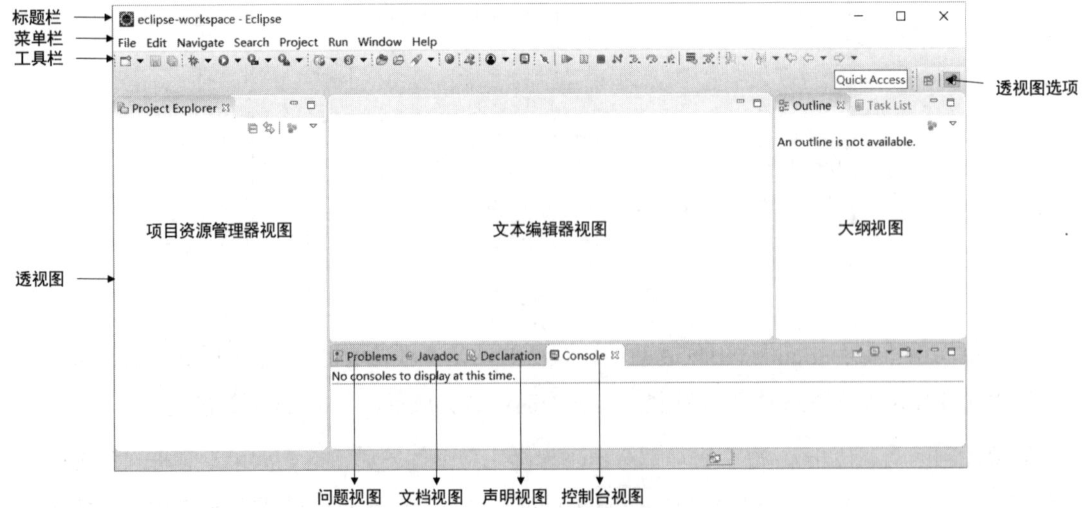


图 1.28 Eclipse 工作台

从图 1.28 可以看到，工作台上有包资源管理器视图、文本编辑器视图，大纲视图等多个区域，这些视图大多是用来显示信息的层次结构和实现代码编辑的。下面讲解 Eclipse 工作台上几种主要视图的作用：

- **项目资源管理器视图（Project Explorer）**　用来显示项目文件的组成结构。
- **文本编辑器视图（Editor）**　用来编写代码的区域。
- **问题视图（Problems）**　显示项目中的一些警告和错误。
- **控制台视图（Console）**　显示程序运行时的输出信息、异常和错误。
- **大纲视图（Outline）**　显示代码中类的结构。

视图可以有自己独立的菜单和工具栏，它们可以单独出现，也可以和其他视图叠放在一起，并且可以通过拖动随意改变布局和位置。

图 1.28 中处于中间位置的是文本编辑器视图（简称“文本编辑器”），编写代码在该视图区域中完成。文本编辑器具有代码提示、自动补全、撤销等功能。关于如何使用这些功能，将在后面进行详细讲解。

**（4）Eclipse 透视图**

透视图（Perspective）是比视图更大的一种概念，用于定义工作台中视图的初始设置和布局，目的在于完成特定类型的任务或使用特定类型的资源，图 1.28 下面所标注的大块区域就是一个 Java 透视图。Eclipse 开发环境中提供了几种常用的透视图，如 Java 透视图、资源透视图、调试透视图、小组同步透视图等。用户可以通过界面右上方的透视图按钮在不同的透视图之间切换。也可以在菜单栏中依次选择【Window】→【Perspective】→【Open Perspective】→【Other】选项打开其他透视图，如图 1.29 所示。在弹出的【Open Perspective】对话框中，可以选择要打开的透视图，如图 1.30 所示。

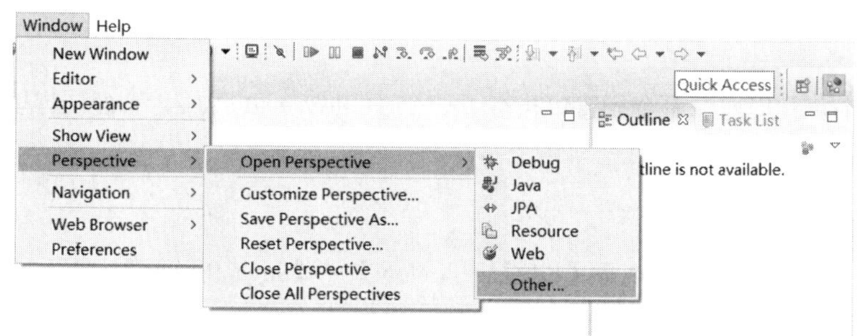


图 1.29　通过菜单栏打开透视图

这里需要注意的是，同一时刻只能有一个透视图是活动的。该活动透视图可以控制哪些视图显示在工作台上，并控制这些视图的大小和位置。透视图中的设置更改不会影响编辑器的设置。

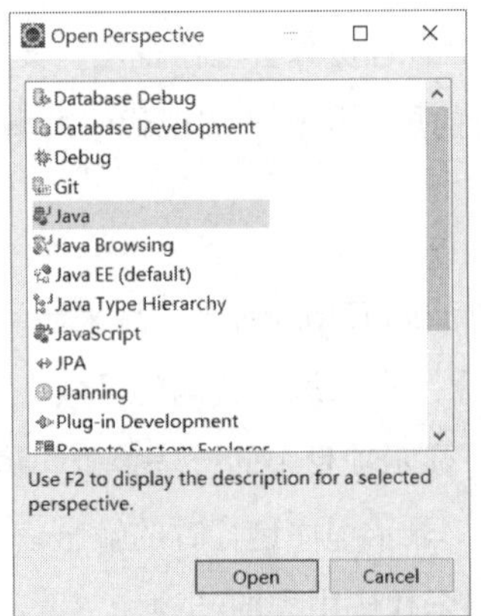


图 1.30 【Open Perspective】对话框

提示

如果不小心错误地操作了透视图，例如关闭了【Console】视图，可以通过【Window】→【Show View】来选择想要打开的视图。如果视图窗口过多，不方便手动调整位置，也可以重置透视图：在菜单栏中依次选择【Window】→【Perspective】→【Reset Perspective】选项，如图 1.31 所示，这样就可以恢复到原始状态。

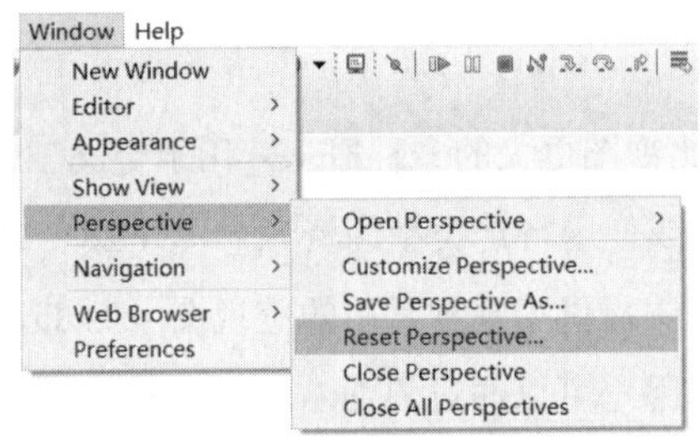


图 1.31 重置透视图

### 3．使用Eclipse进行程序开发

通过前面的学习，相信读者对 Eclipse 开发工具已经有了一个基本的认识，本节将学习如何使用 Eclipse 完成程序的编写和运行。

在 1.3 节中，我们通过命令行窗口执行了一个 HelloWorld 程序。下面同样以该程序为例来演示 Eclipse 开发工具的使用，具体步骤如下。

**（1）创建 Java 项目**

在 Eclipse 的菜单栏中依次选择【File】→【New】→【Java Project】选项，或者在【Project Explorer】视图中右击（即单击鼠标右键），然后在出现的菜单中选择【New】→【Java Project】选项，打开【New Java Project】对话框，如图 1.32 所示。

在图 1.32 所示的对话框中，【Project name】文本框用于指定项目的名称，这里将项目命名为 ch01，其余选项保持默认，然后单击【Finish】按钮完成项目的创建。这时，在【Project Explorer】视图中便会出现一个名称为 ch01 的 Java 项目，如图 1.33 所示。

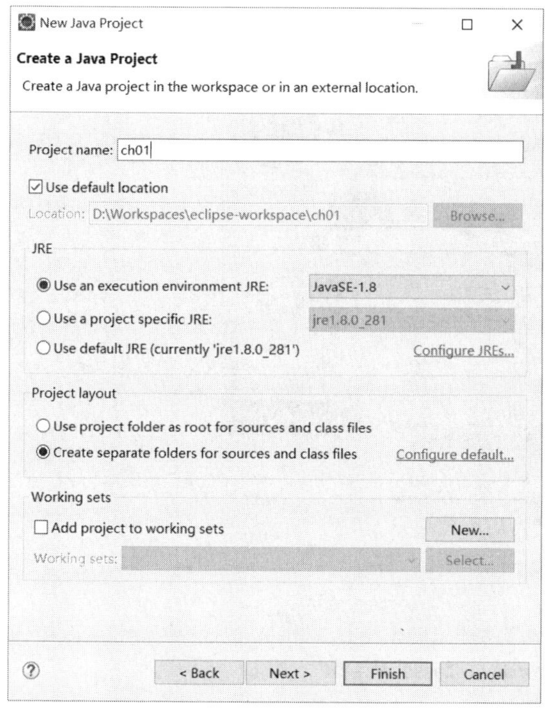


图 1.32　【New Java Project】对话框

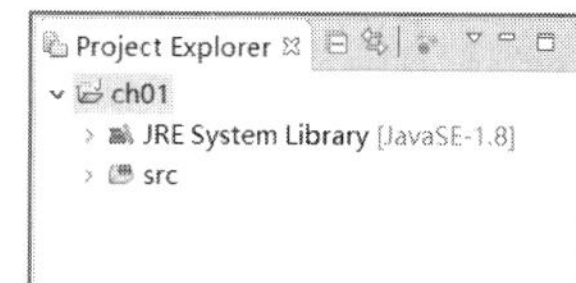


图 1.33　【Project Explorer】视图

**（2）在项目下创建包**

在【Project Explorer】视图中，右击 ch01 项目下的 src 文件夹，在出现的菜单中选择【New】→【Package】选项，打开【New Java Package】对话框，如图 1.34 所示，其中，【Source folder】文本框用于指定项目所在的目录，【Name】文本框用于指定包的名称，这里将包命名为“com.test.first”。

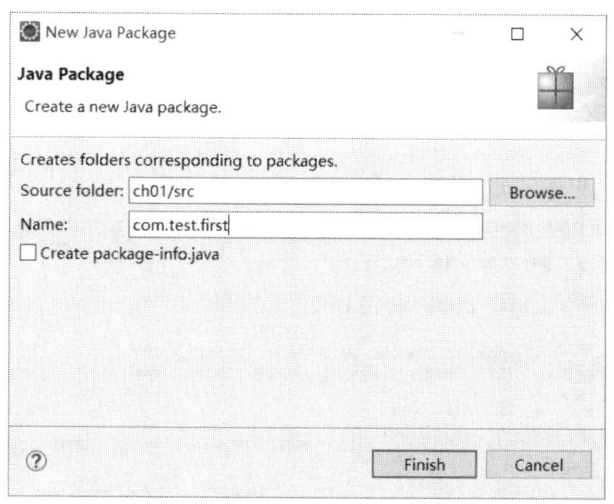


图 1.34　【New Java Package】对话框

**（3）创建 Java 类**

右击包名，在出现的菜单中选择【New】→【Class】选项，打开【New Java Class】对话框，如图 1.35 所示。

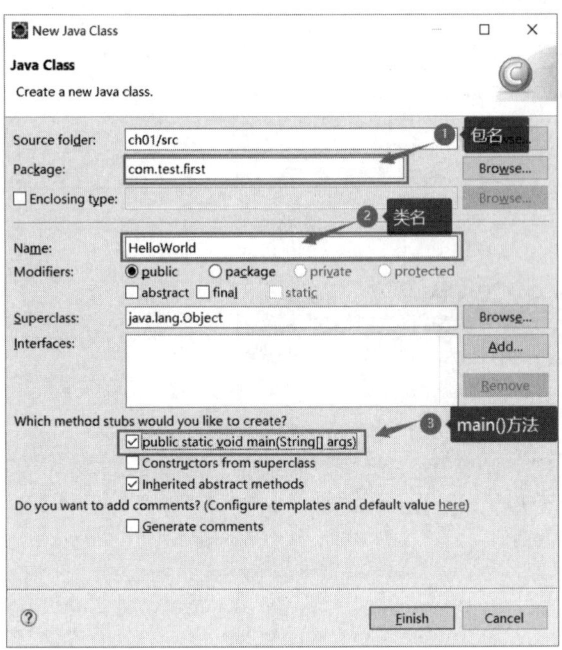


图 1.35 【New Java Class】对话框

对话框中的【Name】文本框用于指定类名，这里创建 HelloWorld 类，填写包名、类名，选中【public static void main(String[] args)】复选框，单击【Finish】按钮，完成 HelloWorld 类的创建。这时，在 com.test.first 包下就会出现一个 HelloWorld.java 文件，如图 1.36 所示。

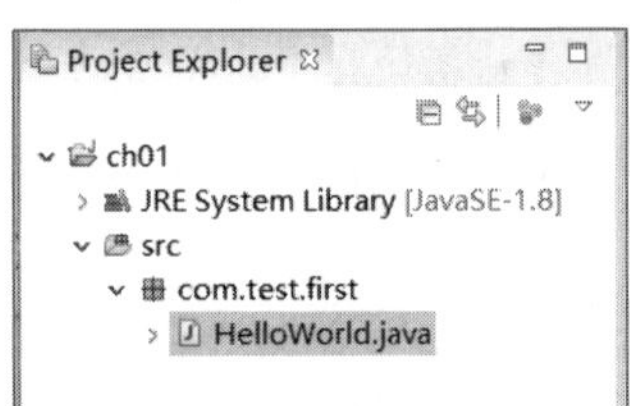


图 1.36 在【Project Explorer】视图中出现 HelloWorld.java 文件

创建好的 HelloWorld.java 文件会在文本编辑器中自动打开，如图 1.37 所示。

```
package com.test.first;

public class HelloWorld {

    public static void main(String[] args) {
        // TODO Auto-generated method stub

    }

}
```

图 1.37 HelloWorld.java 文件

**（4）编写程序代码**

创建完 HelloWorld 类后，就可以在文本编辑器里完成代码的编写工作了。同样以一个 main() 方法和一条输出语句为例，编写后的内容如图 1.38 所示。

```java
package com.test.first;

public class HelloWorld{
    public static void main(String[] args){
        System.out.println("Hello World!!!");
    }
}
```

图 1.38　编写代码

**（5）运行程序**

程序编写完成之后，右击【Project Explorer】视图中的 HelloWorld.java 文件，在弹出的菜单中选择【Run As】→【Java Application】选项，运行程序，如图 1.39 所示。

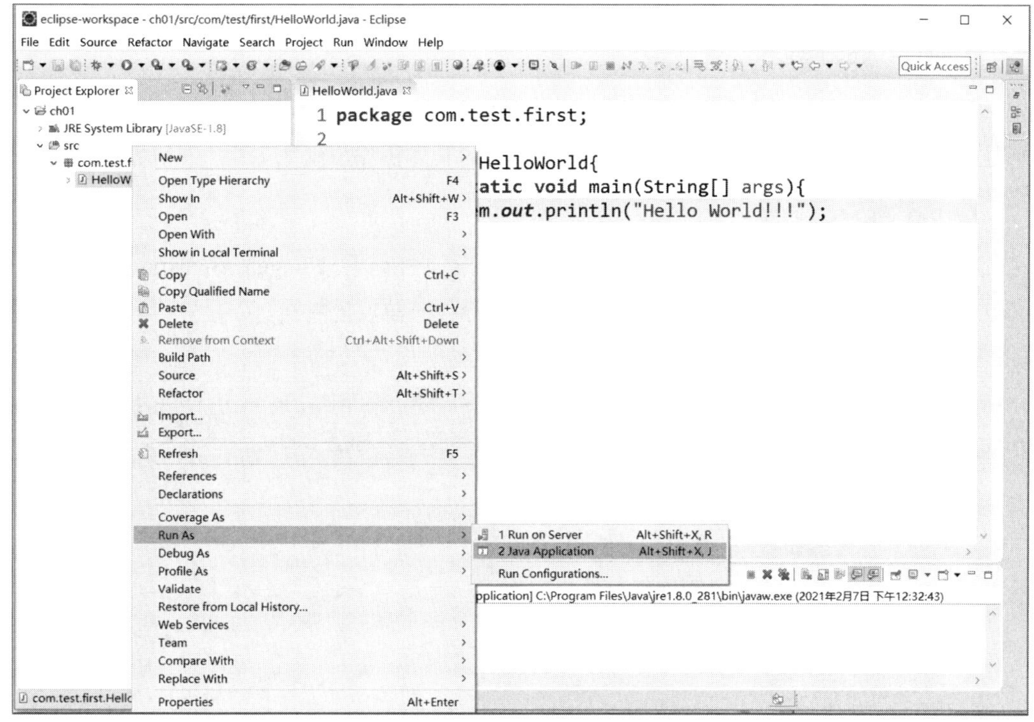


图 1.39　运行程序

除此之外，还可以在选中文件后，直接单击工具栏上的 按钮运行程序。程序运行完毕后，会在【Console】视图中看到运行结果，如图 1.40 所示。

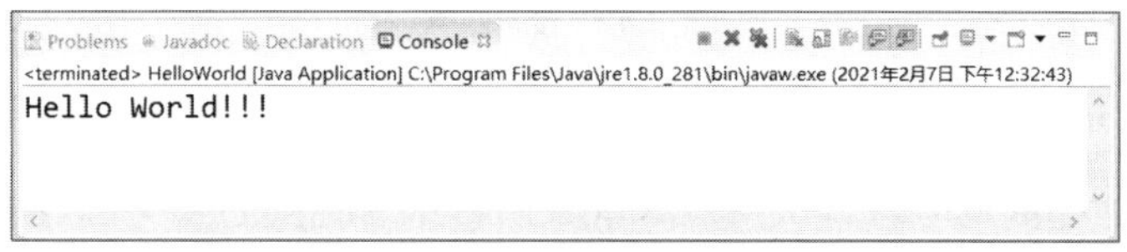


图 1.40　运行结果

从图 1.40 可以看出，Eclipse 的控制台已经显示了输出语句的信息。至此，也就在 Eclipse 中完成了第一个 Java 程序。Eclipse 还提供了显示代码行号的功能，右击文本编辑器左侧的空白处，在弹出的菜单中选中【Show Line Numbers】选项，即可显示行号，如图 1.41 所示。

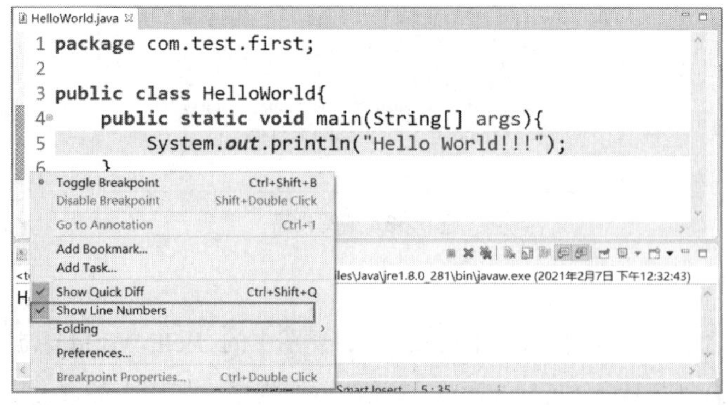


图 1.41　设置显示行号

## 4. Eclipse调试工具

在程序开发过程中，难免会出现各种各样的错误。为了快速发现和解决程序中的错误，可以使用 Eclipse 自带的调试工具调试程序。调试程序的具体操作步骤如下。

**（1）设置断点**

在需要调试的代码行前单击鼠标右键，在弹出的菜单中选择【Toggle Breakpoint】选项，如图 1.42 所示。例如，在 HelloWorld.java 文件的第 5 行代码前设置断点。

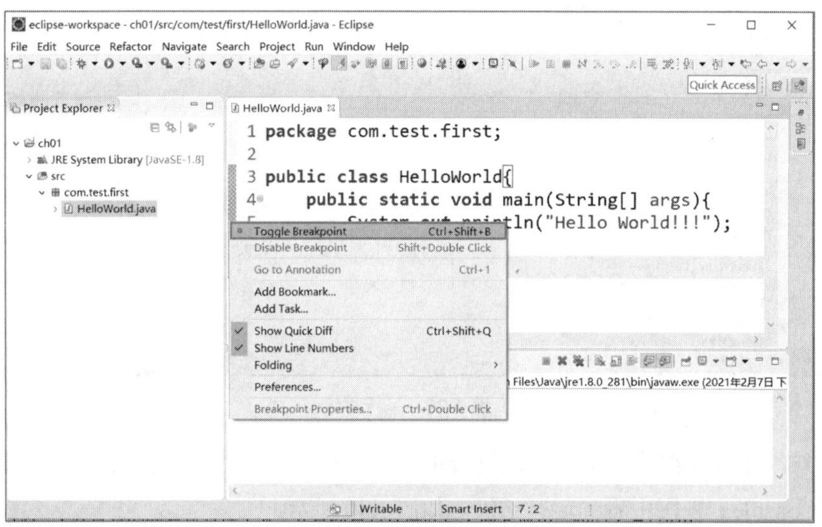


图 1.42　设置断点

**（2）设置 Debug（调试）模式**

设置断点之后，单击工具栏中 按钮右侧的下拉按钮，选择【Debug As】→【Java Application】选项，进入 Debug 模式，如图 1.43 所示。

设置 Debug 模式是很重要的一步操作。如果不设置 Debug 模式，则程序无法进入调试状态。

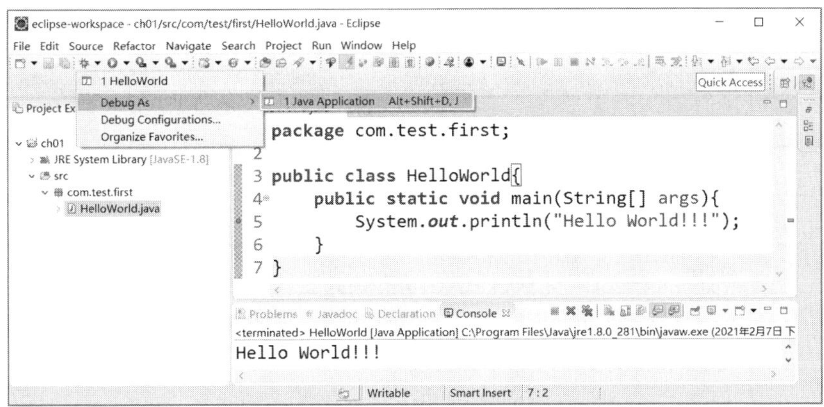


图 1.43　进入 Debug 模式

**（3）运行程序**

在 Debug 模式下运行程序，程序会在设置断点的位置停下来，并高亮显示断点处的代码行，如图 1.44 所示。

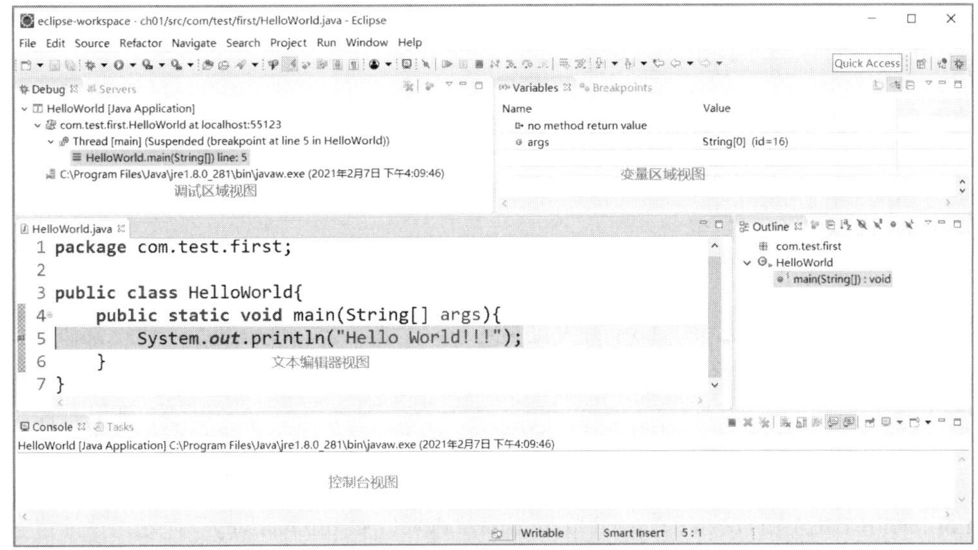


图 1.44　高亮显示断点处的代码行

从图 1.44 可以看到，Debug 模式界面由调试区域视图、文本编辑器视图、变量区域视图和控制台视图等多个部分组成。文本编辑器视图和控制台视图我们已经有所了解，下面介绍其他两个视图：

- **调试区域视图（Debug）**　用于显示正在调试的代码。
- **变量区域视图（Variables）**　用于显示调试过程中变量的值。

Eclipse 在 Debug 模式下定义了很多快捷键以便调试程序，这些快捷键及其含义如表 1.2 所示。

表 1.2 Eclipse 在 Debug 模式下定义的快捷键及其含义

| 快捷键 | 操作名称 |
|---|---|
| F5 | 单步跳入 |
| F6 | 单步跳过 |
| F7 | 单步返回 |
| F8 | 继续 |
| Ctrl+Shift+I | 查看选择的变量、表达式的值或执行结果，再次按 Ctrl+Shift+I 快捷键可以将当前表达式或值添加到 Expressions 窗口中查看 |
| Ctrl+Shift+D | 显示选择的变量、表达式的值或执行结果，再次按 Ctrl+Shift+D 快捷键可以将当前表达式或值添加到 Display 窗口中显示 |
| Ctrl+U | 执行选择表达式 |
| Ctrl+R | 执行到当前行（忽略中间所有断点，执行到当前光标所在行） |

### 1.5.2 IDEA开发工具

前面介绍了 Eclipse 在开发中的使用方法。除了 Eclipse，还有很多 Java 开发工具，下面将介绍另一种开发工具——IDEA。

#### 1. IDEA概述

IDEA 的全称为 IntelliJ IDEA，是 Java 编程语言的开发集成环境（也可用于其他语言）。IDEA 在业界被公认为是最好的 Java 开发工具之一，尤其在智能代码助手、代码自动提示、重构、J2EE 支持、各类版本工具（git、svn 等）、JUnit、CVS 整合、代码分析、创新的 GUI 设计等方面的功能可以说是超常的。IDEA 是 JetBrains 公司的产品，这家公司的总部位于捷克共和国的首都布拉格，开发人员多为以严谨著称的东欧程序员。IDEA 官网有这样一句话“Every aspect of IntelliJ IDEA has been designed to maximize developer productivity”，这句话的意思为：IntelliJ IDEA 的各个方面都旨在最大限度地提高开发人员的生产力。

IDEA 是一款跨平台的开发工具，支持 Windows，Mac OS，Linux，读者可根据需求到 JetBrains 的官网下载对应版本。IDEA 分为旗舰版（Ultimate Edition）和社区版（Community Edition），如图 1.45 所示。

从图 1.45 可以看出，旗舰版比社区版的功能更全面，所以本书选择使用旗舰版。单击旗舰版下面的【Download】按钮进行下载。旗舰版可以免费试用 30 天，社区版免费使用，但是功能比旗舰版有所减少。旗舰版支持 HTML，CSS，PHP，MySQL，Python 等，社区版只支持 Java 等少数语言。

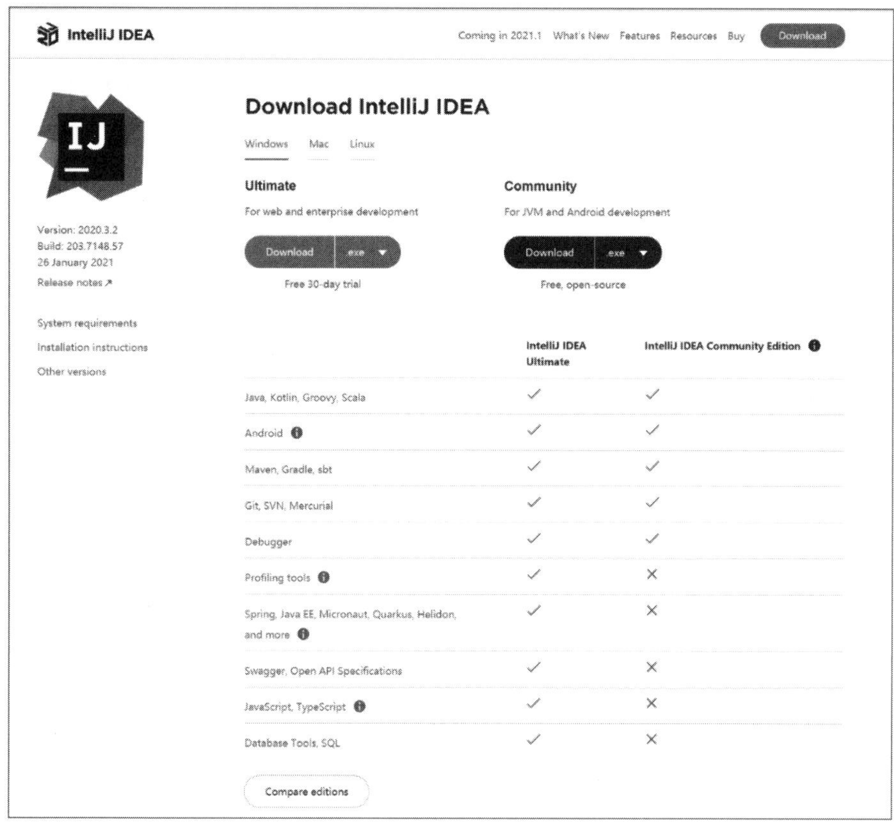


图 1.45　IDEA 旗舰版和社区版

## 2. IDEA的安装与启动

IDEA 的下载比较简单，下面分步骤讲解 IDEA 的安装与启动。

### （1）安装 IDEA 开发工具

下载完成后，双击安装包，弹出 IDEA 安装欢迎界面，如图 1.46 所示。

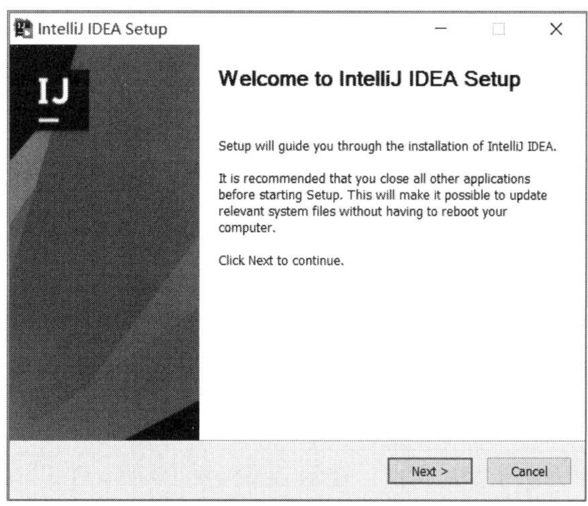


图 1.46　IDEA 安装欢迎界面

在图 1.46 中，单击【Next】按钮，弹出安装路径设置界面，如图 1.47 所示。

图 1.47 所示的界面中显示了 IDEA 默认的安装路径，可以单击【Browse】按钮修改安装路径。设置完安装路径后，单击【Next】按钮，弹出基本安装选项界面，如图 1.48 所示。

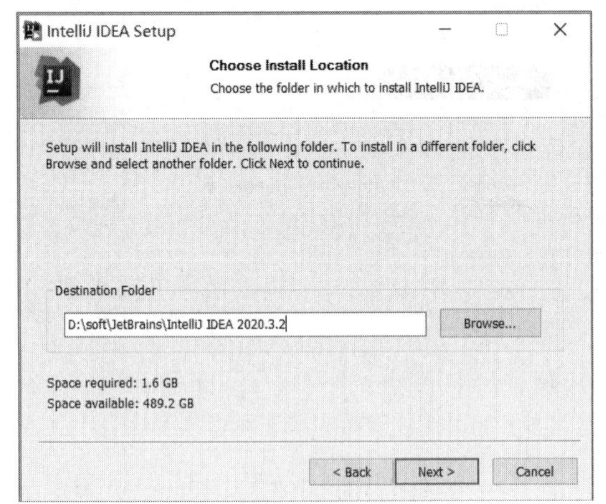


图 1.47　安装路径设置界面

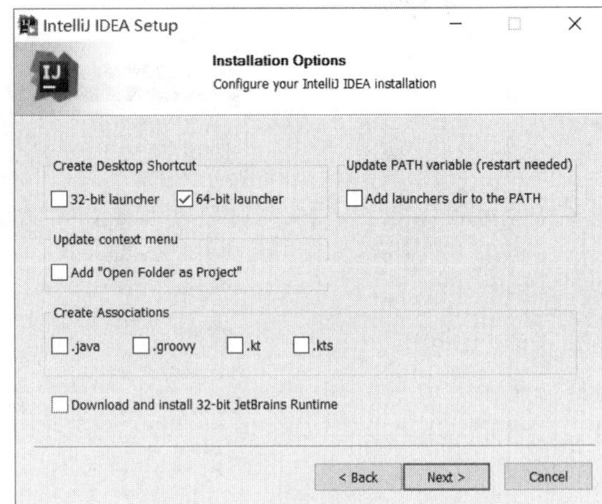


图 1.48　基本安装选项界面

在图 1.48 所示的界面中选中【64-bit launcher】复选框，IDEA 在安装完成后会生成桌面快捷方式。单击【Next】按钮，弹出选择开始菜单界面，如图 1.49 所示。

在图 1.49 所示的界面中单击【Install】按钮安装 IDEA，安装完成界面如图 1.50 所示。

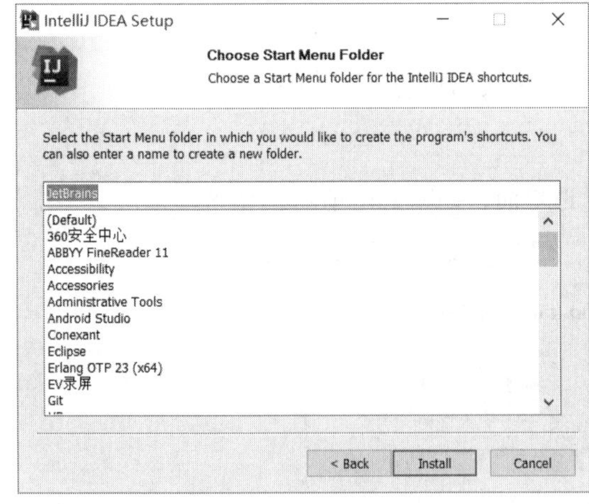


图 1.49　选择开始菜单界面

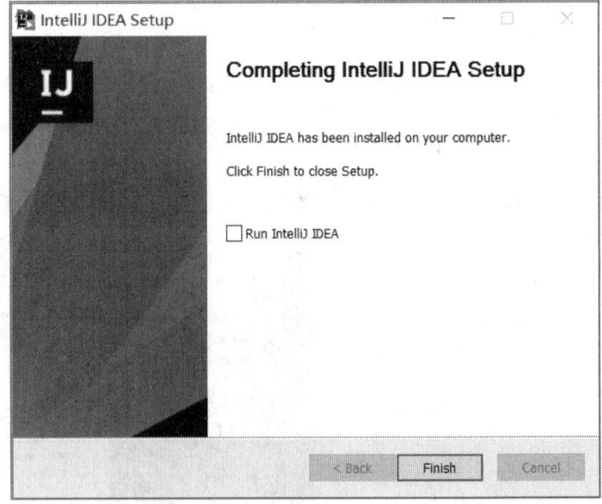


图 1.50　IDEA 安装完成界面

**（2）启动 IDEA 开发工具**

IDEA 安装完成之后，双击桌面快捷方式即可启动，启动界面如图 1.51 所示。

IDEA 启动完成后会弹出一个对话框，提示需要购买 IDEA。IDEA 旗舰版有 30 天免费试用期，可以先免费使用。直接进入 IDEA 主界面，如图 1.52 所示。

图 1.51　IDEA 启动界面

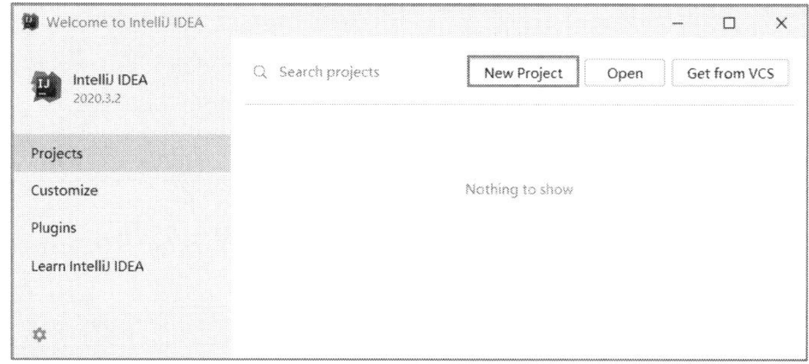


图 1.52　IDEA 主界面

至此，IDEA 安装成功并启动。

### 3．使用IDEA进行程序开发

下面使用 IDEA 创建一个 Java 程序，实现在控制台上打印“Hello World!”的功能，具体步骤如下。

#### （1）创建 Java 项目

在图 1.52 所示的主界面中单击【New Project】（创建新项目）按钮，打开【New Project】（新项目）对话框，如图 1.53 所示。

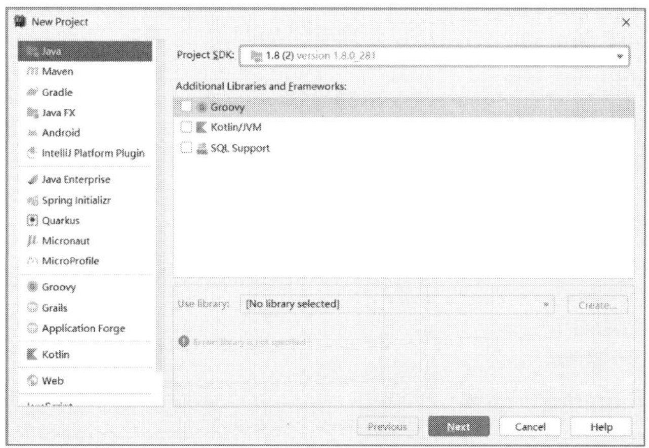


图 1.53　【New Project】对话框

在图 1.53 中，需要设置 Java 程序开发所使用的 JDK。在左侧栏选中【Java】选项，在右侧顶部【Project SDK】下拉列表框中选择下载好的 JDK，然后单击【Next】按钮进入选择模板创建项目界面，如图 1.54 所示。

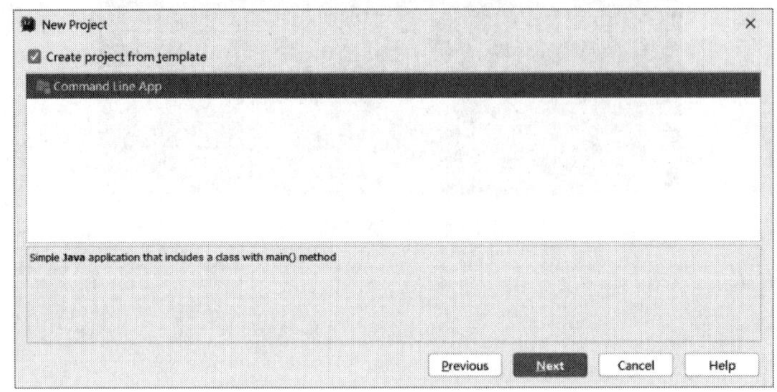


图 1.54　选择模板创建项目界面

在图 1.54 中，单击【Next】按钮进入项目设置界面，如图 1.55 所示。

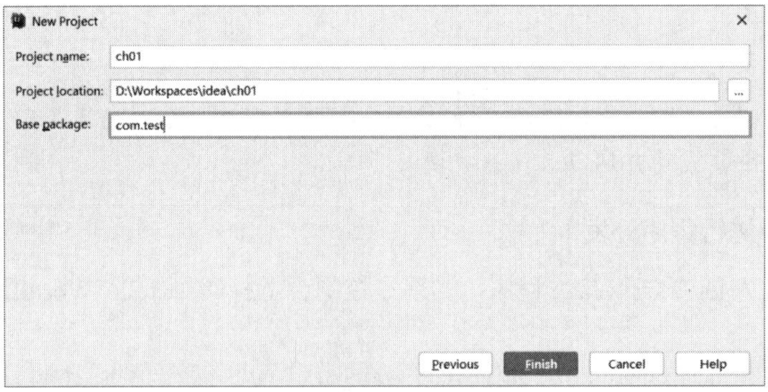

图 1.55　项目设置界面

在图 1.55 中，设置【Project name】（项目名）为“ch01”，设置【Project location】（项目路径）为“D:\Workspaces\idea\ch01”，设置【Base package】（基本包名）为“com.test”。设置完成后，单击【Finish】按钮进入 IDEA 开发界面，如图 1.56 所示。

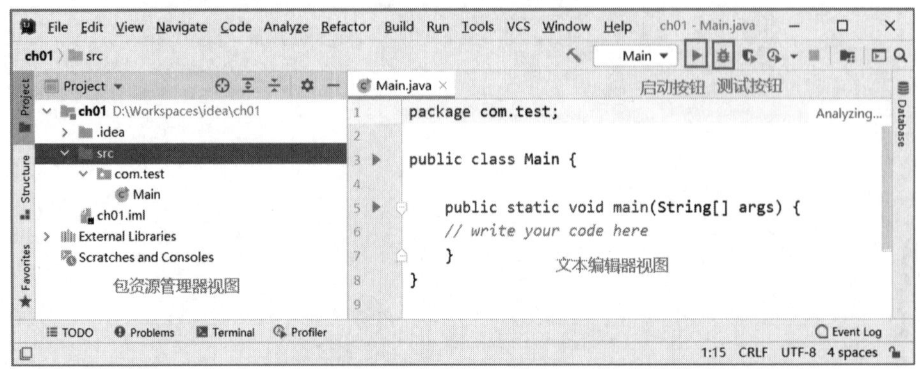


图 1.56　IDEA 开发界面

从图 1.56 中可以看到，IDEA 开发界面包括包资源管理器视图、文本编辑器视图等多个视图。与 Eclipse 类似，IDEA 中的视图可以单独出现，也可以与其他视图叠放在一起，并且可以通过拖曳随意改变视图的布局和位置。

**（2）编写程序代码**

项目新建完成后，系统会自动创建一个名称为 Main.java 的文件，可以在该文件中编写 Java 代码，如图 1.57 所示。

```
package com.test;

public class Main {

    public static void main(String[] args) {
    // write your code here
        System.out.println("Hello World !");
    }
}
```

图 1.57　Main.java 文件

**（3）运行程序**

在图 1.57 中，单击工具栏中的 ▶ 按钮，控制台会显示程序运行结果，如图 1.58 所示。

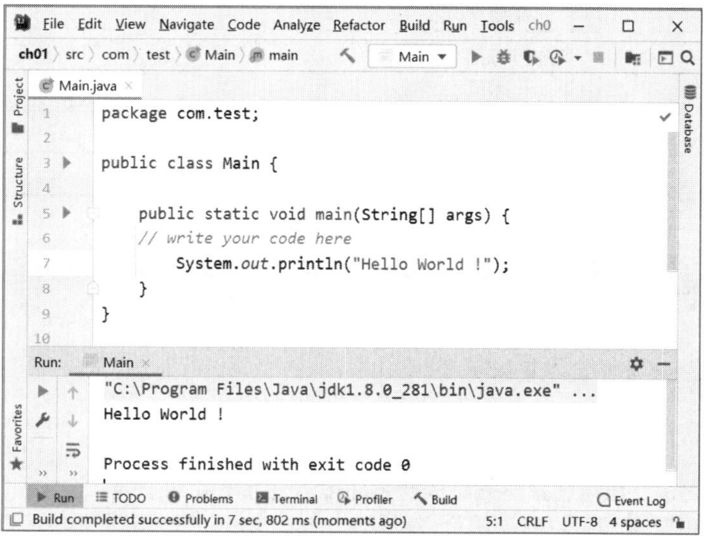


图 1.58　程序运行结果

## 4．IDEA调试工具

IDEA 的调试方式与 Eclipse 类似，首先需要设置断点，然后单击图 1.58 中的 按钮进入 Debug 模式，如图 1.59 所示。

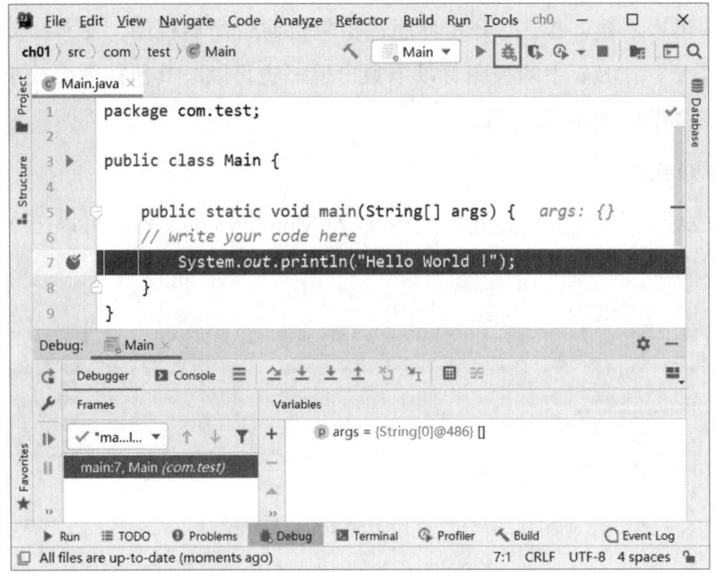


图 1.59 IDEA 的 Debug 模式

IDEA 在 Debug 模式下也定义了一些快捷键用于调试，这些快捷键及其含义如表 1.3 所示。

表 1.3 IDEA 开发工具在 Debug 模式下定义的快捷键及其含义

| 快捷键 | 操作名称 |
|---|---|
| F8 | 单步调试（不进入方法内部） |
| F7 | 单步调试（进入方法内部） |
| Shift+F7 | 选择要进入的方法 |
| Shift+F8 | 跳出方法 |
| Alt+F9 | 运行到断点 |
| Alt+F8 | 执行表达式查看结果 |
| F9 | 继续执行，进入下一个断点或执行完程序 |

## 1.5.3 技能训练

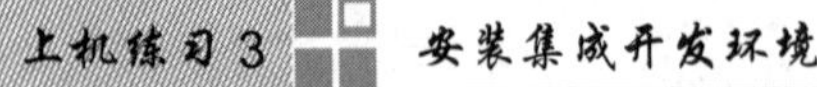


### 需求说明

根据前面的内容介绍，选择一款集成开发环境，进行下载与安装。

➢ 程序是为了让计算机执行某些操作或解决某个问题而编写的一系列有序指令的集合。

➢ Java 包括编程语言和相关的技术。

- Java 主要用于开发两类程序：桌面应用程序和互联网应用程序。
- 开发一个 Java 应用程序的基本步骤为：编写源程序、编译程序和运行程序。源程序以.java 为扩展名，编译后生成的文件以.class 为扩展名。使用 javac 命令可以编译.java 文件，使用 java 命令可以运行编译后生成的.class 文件。
- 编写 Java 程序要符合 Java 编码规范。为程序添加注释可大大提高程序的可读性。
- Eclipse 和 IDEA 是功能强大的集成开发环境，其各种视图便于 Java 程序的开发、调试和管理。

## 本章作业

### 一、选择题

1．推出 Java 语言的公司是（　　）。

A．IBM　　B．Sun　　C．Apple　　D．Microsoft

2．下面哪个环境变量是 Java 解释时所需要的？（　　）

A．Path　　B．CLASSPATH　　C．JAVA_HOME　　D．TEMP

3．public static void main 方法的参数描述是（　　）。

A．String args[]　　B．int[] args　　C．Strings args[]　　D．String args

4．下面说法正确的是（　　）。

A．Java 程序的源程序名称与主类（public class）的名称相同，后缀可以是.java 或.txt 等

B．JDK 的编译命令是 java

C．一个 java 源程序编译后可能产生多个.class 文件

D．在命令行编译好的字节码文件，只需在命令行直接键入程序名即可运行

5．下面说法不正确的是（　　）。

A．Java 语言是面向对象的、解释执行的网络编程语言

B．Java 语言具有可移植性，是与平台无关的编程语言

C．Java 语言无法对内存垃圾自动收集，需要开发者手工处理

D．Java 语言执行时需要 Java 的运行环境

### 二、简答题

1．简述 Java 实现可移植性的基本原理。

2．简述 Java 语言的三个程序分支。

3．简述 Java 中 Path 及 CLASSPATH 的作用。

4．简述 Java 语言的主要特点。

5．详细阐述 Java 中使用 public class 或 class 声明一个类的区别及注意事项。

## 三、综合应用题

1．在屏幕上输出：“我喜欢学习 Java”。

2．在屏幕上输出以下内容：

```
*************************************
********* Java 程序设计*********
*************************************
```

# 第 2 章

# Java 编程基础

## 本章目标

- ◎ 了解进制及其转换
- ◎ 掌握变量的作用和定义的方式
- ◎ 能根据实际情况选择使用 8 种基本数据类型
- ◎ 掌握 final 常量和 Scanner 的使用
- ◎ 掌握常见的转义字符和字符集的相关知识
- ◎ 掌握算术运算符、赋值运算符
- ◎ 掌握关系运算符、逻辑运算符
- ◎ 了解位运算符、条件运算符
- ◎ 掌握数据类型之间的转换

## 本章简介

做任何事情，都要打好基础。同样地，要想熟练使用 Java 语言，必须充分了解 Java 语言的基础知识。本章将针对 Java 的基本语法、变量以及运算符等进行详细的讲解。

## 技术内容

## 2.1 Java基本语法

每一种编程语言都有一套自己的语法规则，Java 语言也不例外，编写 Java 程序需要遵从一定的语法规则，如代码的书写、标识符的定义、关键字的使用等。本节将对 Java 语言的基本语法进行详细讲解。

### 2.1.1 Java程序的基本格式

Java 程序代码必须放在一个类中，初学者可以简单地把类理解为一个 Java 程序。类使用 class 关键字定义，在 class 前面可以有类的修饰符。类的定义格式如下：

```
修饰符 class 类名{
    程序代码
}
```

在编写 Java 程序时，有以下几点需要注意。

（1）Java 程序代码可分为结构定义语句和功能执行语句，其中，结构定义语句用于声明一个类或方法，功能执行语句用于实现具体的功能。每条功能执行语句的最后必须用分号（;）结束，如下面的语句所示：

```
System.out.println("这是第一个 Java 程序!");
```

需要注意的是，在程序中不要将英文的半角分号（;）误写成中文的全角分号（；），如果写成中文的分号，编译器会报告“illegal character”（非法字符）错误信息。

（2）Java 语言是严格区分大小写的。在定义类时，不能将 class 写成 Class，否则编译器会报错。程序中定义一个 hello 的同时，还可以定义一个 Hello，hello 和 Hello 是两个完全不同的符号，在使用时务必注意。

（3）在编写 Java 程序时，为了便于阅读，通常会使用良好的格式进行排版，但这并不是必需的，也可以在两个单词或符号之间插入空格、制表符、换行符等任意空白字符。例如，下面这段代码的编排方式也是可以的。

```
public class HelloWorld {public static void
    main(String[
] args) {System.out.println("Hello  World!!!");}}
```

虽然 Java 没有严格要求用什么样的格式编排程序代码，但是考虑到可读性，编写的程序代码应整齐美观、层次清晰。常用的编排方式是一行只写一条语句，符号“{”与语句同行，符号“}”独占一行，示例代码如下：

```
public classHelloWorld {
    public static void main(String[] args) {
```

```
        System.out.println("Hello  World!!!");
    }
}
```

（4）Java 程序中一个连续的字符串不能分成两行书写。例如，下面这条语句在编译时将会报错：

```
System.out.println("Hello
World!!!");
```

为了便于阅读，需要将一个比较长的字符串分两行书写时，可以先将字符串分成两个短的字符串，然后用加号（+）将这两个字符串连起来，在加号（+）后换行。例如，可以将上面的语句修改成如下形式：

```
System.out.println("Hello "+
                   "World!!!");
```

## 2.1.2　标识符

标识符（identifier）是用来表示变量名、类名、方法名、数组名和文件名的有效字符序列。也就是说，任何一个变量、常量、方法、对象和类都需要有名字，这些名字就是标识符。标识符可以由编程者自由指定，但是需要遵循一定的语法规定。标识符要满足如下规定：

（1）标识符可以由字母、数字和下画线（_）、美元符号（$）等组合而成。

（2）标识符必须以字母、下画线或美元符号开头，不能以数字开头。

在实际应用标识符时，应该使标识符在一定程度上反映它所表示的变量、常量、对象或类的意义，这样程序的可读性会更好。例如，下面的这些标识符都是合法的：

```
username
username123
userName
$username
```

注意，下面的这些标识符都是不合法的：

```
123username
0oo
98.3
Hello World
```

同时应注意，Java 是区分大小写的语言。例如，class 和 Class，System 和 system 分别代表不同的标识符。在定义和使用时要特别注意这一点。

用 Java 语言编程时，经常遵循以下的编码习惯（不是强制性的）：类名首字母大写；变量、方法及对象的首字母小写。对于所有标识符，其中包含的所有单词都应紧靠在一起，而且大写中间单词的首字母，例如 ThisIsAClassName 和 thisIsMethodOrFieldName。若定义常量，则大写所有字母，这样便可标志出它们属于编译期的常数。Java 包（package）属于一种特殊情况，它们全都是小写字母，即便中间的单词亦是如此。

为了增强代码的可读性，建议初学者在定义标识符时遵循以下规则：

- 包名所有字母一律小写，例如 cn.test。
- 类名和接口名中每个单词的首字母都要大写，如 ArrayList 和 Iterator，我们称之为“帕斯卡（Pascal）”命名规范。
- 常量名中所有字母都大写，单词之间用下画线连接，例如 DAY_OF_MONTH 和 PI，我们称之为“匈牙利”命名规范。
- 变量名和方法名的第一个单词首字母小写，从第二个单词开始每个单词首字母大写，例如 lineNumber 和 getLineNumber，我们称之为“驼峰式”命名规范。
- 在程序中，应尽量使用有意义的英文单词来定义标识符，以提高程序可读性。例如，使用 userName 表示用户名、password 表示密码。

## 2.1.3 关键字

关键字（keyword）是编程语言里事先定义好并赋予了特殊含义的单词，它们在程序中有着不同的用途，因此 Java 语言不允许用户对关键字赋予其他含义。和其他语言一样，Java 中预留了许多关键字，如 class 和 public 等。表 2.1 列举了 Java 中所有的关键字。

表 2.1 Java 关键字列表

| | | | | |
|---|---|---|---|---|
| abstract | continue | for | new | switch |
| assert | default | goto | package | synchronized |
| boolean | do | if | private | this |
| break | double | implements | protected | throw |
| byte | else | import | public | throws |
| case | enum | instanceof | return | transient |
| catch | extends | int | short | try |
| char | final | interface | static | void |
| class | finally | long | strictfp | volatile |
| const | float | native | super | while |

每个关键字都有特殊的作用，例如，package 关键字用于包的声明，import 关键字用于导入包，class 关键字用于类的声明。本书后面的章节将逐步对这些关键字进行讲解，在此没有必要对所有关键字进行记忆，只需要了解即可。

使用 Java 关键字时，有几个值得注意的地方：

- 所有的关键字都是小写的。
- 程序中的标识符不能以关键字命名。
- const 和 goto 是保留关键字，虽然在 Java 中还没有任何意义，但在程序中不能用作自定义的标识符。
- true，false 和 null 不属于关键字，它们是单独的标识类型，不能直接使用。

### 2.1.4 常量

常量用来存储程序中不能被修改的固定值，也就是说，常量是在程序运行的整个过程中值保持不变的量，例如数字 1、字符'a'、浮点数 3.14 等。Java 语言中的常量也是有类型的，包括整型常量、浮点型常量、字符型常量、字符串型常量、逻辑型常量和 null 常量等。

#### 1. 整型常量

整型常量可以用来给整型变量赋值。整型常量可以采用二进制、八进制、十进制和十六进制 4 种表示形式，具体如下：

- **二进制** 由数字 0 和 1 组成的数字序列。在 JDK 8 中允许使用字面值来表示二进制数，前面要以 0b 或 0B 开头，目的是与十进制数进行区分，如 0b01101100 和 0B10110101。
- **八进制** 以 0 开头且其后由 0~7 范围内（包括 0 和 7）的整数组成的数字序列，如 0342。
- **十进制** 由数字 0~9 范围内（包括 0 和 9）的整数组成的数字序列，如 198。
- **十六进制** 以 0x 或者 0X 开头且其后由 0~9 和 A~F（包括 0 和 9、A 和 F，字母不区分大小写）范围内的整数组成的数字序列，如 0x25AF。

需要注意的是，在程序中为了标明不同的进制，数据都有特定的标识，八进制数必须以 0 开头，如 0711，0123；十六进制数必须以 0x 或 0X 开头，如 0xaf3，0Xff；整数以十进制表示时，第一位不能是 0，0 本身除外。例如十进制的 127，用二进制表示为 0b1111111 或者 0B1111111，用八进制表示为 0177，用十六进制表示为 0x7F 或者 0X7F。整型常量按照所占用的内存长度，又可分为一般整型常量和长整型常量，其中，一般整型常量占用 32 位，长整型常量占用 64 位，长整型常量的尾部有一个字母 l 或 L，如-32L，0L，3721l。

#### 2. 浮点型常量

浮点型常量表示含有小数部分的数值常量，根据占用内存长度的不同，分为单精度浮点型常量（float）和双精度浮点型常量（double）两种。其中，单精度浮点型常量后跟一个字母 f 或 F，双精度浮点型常量后跟一个字母 d 或 D。当然，在使用浮点型常量时，结尾处也可以不加任何后缀，此时，虚拟机会默认为双精度浮点型常量。浮点型常量可以采用普通的书写方法，如 3.14f，−2.17d；也可以采用指数形式书写，如 2.8e−2f 表示 $2.8\times10^{-2}$（单精度），58E3D 代表 $58\times10^{3}$（双精度）。具体示例如下：

```
2e3f
3.6d
0f
3.84d
5.022e+23f
```

### 3. 字符型常量

字符型常量用于表示一个字符。字符型常量要用一对英文半角格式的单引号（''）引起来，它可以是英文字母、数字、标点符号以及由转义序列表示的特殊字符。具体示例如下：

```
'a'
'1'
'&'
'E'
'\u0000'
```

上面的示例中，'\u0000'表示一个空白字符，即在单引号之间没有任何字符。之所以能这样表示是因为：Java 采用的是 Unicode 字符集，Unicode 字符以\u 开头，空白字符在 Unicode 码表中对应的值为'\u0000'。

字符可以直接是字母表中的字符，也可以是转义字符，还可以是要表示的字符所对应的八进制数或 Unicode 码。转义字符是一些有特殊含义、很难用一般方式来表示的字符，如回车、换行等。为了表达清楚这些特殊字符，Java 语言中引入了一些特别的定义。所有的转义字符都以反斜线（\）开头，后面跟着一个字符，如表 2.2 所示。

表 2.2 常用的转义字符

| 转义字符 | 所代表的意义 |
|---|---|
| \f | 换页（form feed），走纸到下一页 |
| \b | 退格（backspace），后退一格 |
| \n | 换行（new line），将光标移到下一行的开始 |
| \r | 回车（carriage return），将光标移到当前行的行首，但不移到下一行 |
| \t | 横向跳格（tab），将光标移到下一个制表符位置 |
| \\ | 反斜线字符（backslash），输出一个反斜线 |
| \' | 单引号字符（single quote），输出一个单引号 |

续表

| 转义字符 | 所代表的意义 |
|---|---|
| \" | 双引号字符（double quote），输出一个双引号 |
| \uxxxx | 1～4 位十六进制数（xxxx）所表示的 Unicode 字符 |
| \ddd | 1～3 位八进制数（ddd）所表示的 Unicode 字符，范围为八进制数 000～377 |

#### 4. 字符串型常量

字符串型常量是用一对英文半角格式的双引号（" "）引起来的一串字符（可以是 0 个），字符串中可以包括转义字符，标志字符串开始和结束的双引号必须在源代码的同一行中。字符串常量用于表示一串连续的字符。具体示例如下：

```
"Hello World"
"123"
"Welcome \n XXX"
""
```

#### 5. 逻辑型常量

逻辑型常量也称为布尔常量，包括 true 和 false，分别代表真和假，用于区分一个事物的真与假。

#### 6. null常量

null 常量只有一个值 null，表示对象的引用为空。null 常量将会在后面章节中详细介绍。

## 2.2　变量和数据类型

### 2.2.1　什么是变量

计算机的内存类似于人的大脑，计算机使用内存来记忆大量运算时要使用的数据。内存是个物理设备，它如何存储数据呢？很简单，把内存想象成一间旅馆，要存储的数据就好比要住宿的客人。试想一下去旅馆住宿的场景。首先，旅馆的服务人员会询问客人要住什么样的房间，如单人间、双人间、总统套间等；然后，根据客人选择的房间类型，服务员会安排一个合适的房间。“先开房间，后入住”就描述了数据存入内存的过程。首先，根据数据的类型为它在内存中分配一块空间（即找一个合适的房间），然后数据就可以放进这块空间中（即入住）了。那么，数据为什么对存储空间有要求呢？试想一下：有三个客人，但服务员只安排了一个单人间，这能入住吗？分配的空间过小会导致数据无法存储。

到底使用内存做什么呢？看一看下面的问题，就一目了然了。

**问题**：在银行中存储 1000 元钱，银行一年的利息是 5%，那么一年后存款是多少？

**分析**：很简单，首先在计算机的内存中开辟一块空间用来存储 1000，然后把存储在内存中的数据 1000 取出进行计算，根据公式：本金×利率+本金（即 1000×5%+1000），将获得的结果 1050 重新存入该存储空间，这就是一年后的存款了。图 2.1 显示了内存中存储数据的变化。可见，数据被存储在内存中，目的是便于在需要时取出来使用，如果这个数据被改变了，内存中存储的值也会随之进行相应的更新，以便下次使用新的数值。那么，内存中存储的这个数据到底在哪里？我们怎样获得它呢？

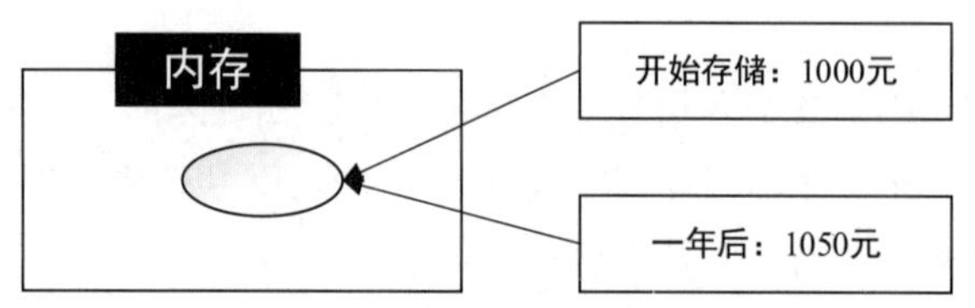


图 2.1　内存中存储数据的变化

通常，根据内存地址可以找到这块内存空间的位置，进而找到存储的数据。但是内存地址非常不好记，因此，我们给这块内存空间起一个别名，通过别名可找到对应空间存储的数据。变量是一个数据存储空间的表示。变量和旅馆中的房间存在如表 2.3 所示的对应关系。

表 2.3　变量与房间的对应关系

| 旅馆中的房间 | 变量 |
|---|---|
| 房间名称 | 变量名 |
| 房间类型 | 变量类型 |
| 入住的客人 | 变量的值 |

通过变量名可以简单、快速地找到变量存储的数据。将数据指定给变量，就是将数据存储到以变量名为别名的那个房间；调用变量，就是将那个房间中的数据取出来使用。可见，变量是存储数据的一个基本单元，不同的变量相互独立。

在程序运行期间，随时可能产生一些临时数据，应用程序会将这些数据保存在一些内存单元中，每个内存单元都用一个标识符来标识。这些内存单元被称为变量，定义的标识符就是变量名，内存单元中存储的数据就是变量的值。接下来，通过具体的代码来学习变量的定义：

```
int x=0,y;
y=x+3;
```

在上面的代码中，第一行代码的作用是定义两个变量——x 和 y，也就相当于分配了两个内存单元，在定义变量的同时为变量 x 分配了一个初始值 0，而变量 y 没有被分配初始值，变量 x 和 y 在内存中的状态如图 2.2 所示。

第二行代码的作用是为变量赋值，在执行第 2 行代码时，程序首先取出变量 x 的值，与 3 相加后，将结果赋值给变量 y，此时变量 x 和 y 在内存中的状态发生了变化，如图 2.3 所示。

在执行的过程中，程序需要对数据进行运算，也需要存储数据。这些数据可能是由使用者输入的，可能是从文件中取得的，也可能是从网络上得到的。在程序运行的过程中，这些数据通过变量存储在内存中，以便程序随时取用。

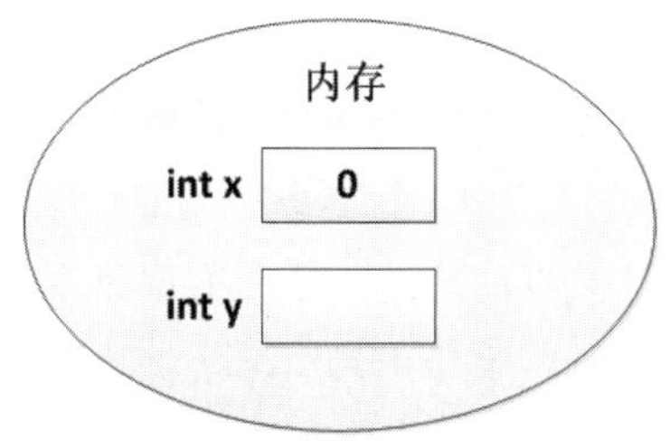

图 2.2　x，y 变量在内存中的状态

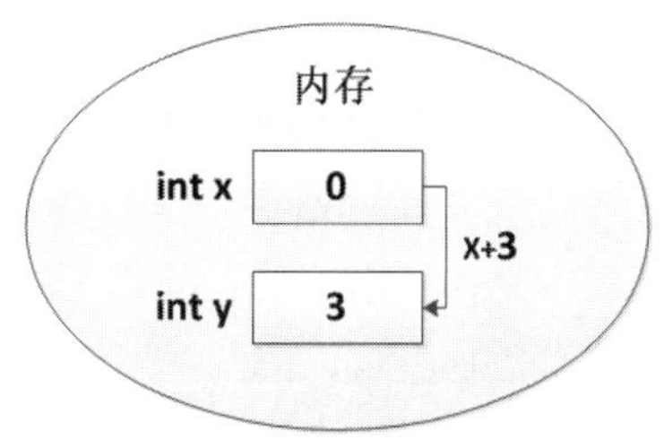


图 2.3　x，y 变量在内存中的状态发生了变化

总结一下就是：数据存储在内存的一块空间中，为了取得数据，必须知道这块内存空间的位置。为了方便使用，程序设计语言用变量名来代表该数据存储空间的位置。将数据指定给变量，就是将数据存储到对应的内存空间；调用变量，就是将对应的内存空间中的数据取出来使用。

## 2.2.2　数据类型

在程序设计中，数据是程序的必要组成部分，也是程序处理的对象。不同的数据有不同的数据类型，不同的数据类型有不同的数据结构和存储方式，并且参与的运算也不同。通常，计算机语言按性质对数据进行分类，每一类称为一种数据类型（data type）。数据类型定义了数据的性质、取值范围、存储方式以及所能进行的运算和操作。程序中的每一个数据都属于一种类型，定义了数据的类型也就相应决定了数据的性质以及所能进行的操作；同时，数据也受到类型的保护，确保不对数据进行非法操作。

Java 是一门强类型的编程语言，对变量的数据类型有严格的限定。在定义变量时必须声明变量的类型，在为变量赋值时必须赋予和变量同一种类型的值，否则程序会报错。Java 语言中的数据类型分为两大类：一类是基本数据类型（primitive type）；另一类是引用数据类型（reference type），简称引用类型。Java 中所有的数据类型如图 2.4 所示。

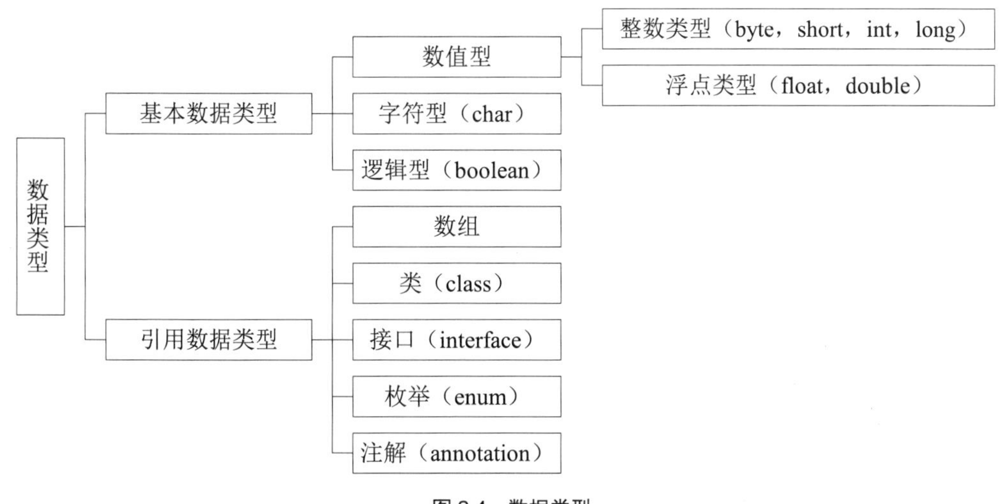


图 2.4　数据类型

基本数据类型是由程序设计语言系统所定义、不可再划分的数据类型。基本数据类型的数据所占内存的大小是固定的，与软硬件环境无关，在任何操作系统中都具有相同大小和属性；而引用数据类型是在 Java 程序中由编程人员自己定义的变量类型。基本数据类型在内存中存放的是数据值本身；引用数据类型在内存中存放的是指向该数据的地址，不是数据值本身，它往往由多个基本数据组成，因此，对引用数据类型的应用称为对象引用，引用数据类型也被称为复合数据类型，在有的程序设计语言中称为指针。

基本数据类型有整型、浮点型、逻辑型和字符型；引用数据类型包括数组、类和接口等。本章此处重点介绍 Java 中的基本数据类型，引用数据类型会在以后的章节中详细讲解。

### 1．整型

整数类型（简称整型）变量用来存储整型常量——没有小数部分的值，即整数。整数有正整数、零、负整数，其含义与数学中的含义相同。在 Java 中，为了给不同大小范围内的整数合理地分配存储空间，将整数类型分为 4 种：字节型（byte）、短整型（short）、整型（int）和长整型（long）。每种整数类型数据都是带符号位的。Java 语言的每种数据类型都对应一个默认的数值，使得这种数据类型变量的取值总是确定的，体现了其安全性。它们的特性如表 2.4 所示。

表 2.4 Java 语言的整数类型

| 类型 | 数据位 | 范围 |
|---|---|---|
| 字节型（byte） | 8 | -128～127，即 $-2^7$～$2^7-1$ |
| 短整型（short） | 16 | -32768～32767，即 $-2^{15}$～$2^{15}-1$ |
| 整型（int） | 32 | -2147483648～2147483647，即 $-2^{31}$～$2^{31}-1$ |
| 长整型（long） | 64 | -9223372036854775808～9223372036854775807，即 $-2^{63}$～$2^{63}-1$ |

一个整数默认为整型（int 型）。当要将一个整数强制表示为长整型时，需在后面加字母 l 或 L。因此，当声明 long 型变量的值超过 int 型变量的取值范围时，如果后面不加 l 或 L，系统会认为是 int 型而出错。

### 2．浮点型

浮点数类型（简称浮点型）变量用来存储浮点型常量——浮点数，Java 语言用浮点型表示数学中的实数，也就是既有整数部分又有小数部分的数。浮点数有两种表示方式：

- **标准记数法** 由整数部分、小数点和小数部分构成，如 3.0，3.1415 等。
- **科学记数法** 由十进制整数、小数点、小数和指数部分构成，指数部分由字母 E 或 e 跟上带正负号的整数表示，如 123.45 可表示为 1.2345E+2。

浮点型用于需要小数位精确度高的计算。例如，计算平方根或三角函数等都会产生浮点型的值。Java 语言的浮点数类型有单精度浮点型（float）和双精度浮点型（double）两种，它们的数据位和范围如表 2.5 所示。

表 2.5　Java 语言的浮点数类型

| 类型 | 数据位 | 范围 |
| --- | --- | --- |
| 单精度浮点型（float） | 32 | 负数范围：-3.4028235E+38～-1.4E-45<br>正数范围：1.4E-45～3.4028235E+38 |
| 双精度浮点型（double） | 64 | 负数范围：-1.7976931348623157E+308～-4.9E-324<br>正数范围：4.9E-324～1.7976931348623157E+308 |

一个浮点数默认为 double 型，在一个浮点数后加字母 f 或 F，可将其强制转换为 float 型，所以声明 float 型变量时，如果数的后面不加 f 或 F，系统会认为是 double 型而出错。double 型占 8 字节，有效数字最长为 15 位。之所以称为 double 型，是因为它的精度是 float 型的两倍。

### 3. 逻辑型

逻辑型变量用来存储逻辑型常量，在 Java 中用 boolean 表示，该类型的变量只有两个值：true 和 false。其中，true 代表"真"，false 代表"假"，true 和 false 不能转换成数字表示形式。具体示例如下：

```
boolean flag= false;        //声明一个 boolean 类型的变量，初始值为 false
flag = true;                //改变 flag 变量的值为 true
```

所有关系运算（如 a>b）的返回值都是逻辑型的值。逻辑型也用于控制语句（如 if，while，for 等语句）中的条件表达式。

### 4. 字符型

字符型变量用来存储字符型常量——一个单字符，在 Java 中用 char 表示。在给 char 类型的变量赋值时，需要用一对英文半角格式的单引号把字符引起来，如'a'。也可以将 char 类型的变量赋值为 0~65535 范围内的整数，计算机会自动将这些整数转化为所对应的字符，如数值 97 对应的字符为'a'。下面的两行代码可以实现同样的效果：

```
char c= 'a';        //为一个 char 类型的变量赋值字符 a
char ch= 97;        //为一个 char 类型的变量赋值整数 97，相当于赋值字符 a
```

Java 语言中的字符采用的是 Unicode 字符集编码方案，在内存中占 2 字节，是 16 位无符号的整数，一共有 65536 个，字符的取值范围为 0～65535，表示其在 Unicode 字符集中的排序位置。Unicode 字符是用"\u0000"到"\uFFFF"之间的十六进制值来表示的，前缀"\u"表是一个 Unicode 值，后面的 4 个十六进制值表示是哪个 Unicode 字符。Unicode 字符表的前 128 个字符即为 ASCII 表。每个国家的字母表中的字母都是 Unicode 表中的字符。Java 语言由于采用了 Unicode 这种新的国际标准编码方案，便于中西文字符处理，因此处理多语种的能力大大加强。

说明

（1）字符型数据只能表示单个字符，且必须使用单引号将字符引起来。

（2）Java 语言中所有可见的 ASCII 字符都可以用单引号引起来成为字符，如'a'，'B'，'*'等。要想得到一个字符在 Unicode 字符集中的取值，必须将其强制转换成 int 类型，例如：

```
(int) 'a';
```

（3）由于字符型数据用来表示 Unicode 编码中的字符，因此字符型数据可以转化为整数，其值介于 0～65535 之间；但要取得该取值范围内的数所代表的 Unicode 表中的相应位置上的字符，必须将其强制转换成 char 型，例如：

```
int c=20320; char s=(char)c;
```

现将 Java 语言的 4 类 8 种基本数据类型总结归纳成表 2.6。

表 2.6　Java 语言的基本数据类型

| 数据类型 | 占用字节数 | 默认数值 | 取值范围 |
|---|---|---|---|
| 逻辑型（boolean） | 1 | false | true，false |
| 字节型（byte） | 1 | 0 | -128～127 |
| 短整型（short） | 2 | 0 | -32768～32767 |
| 整型（int） | 4 | 0 | -2147483648～2147483647 |
| 长整型（long） | 8 | 0L | -9223372036854775808～9223372036854775807 |
| 单精度浮点型（float） | 4 | 0.0F | 负数范围：-3.4028235E+38～-1.4E-45<br>正数范围：1.4E-45～3.4028235E+38 |
| 双精度浮点型（double） | 8 | 0.0D | 负数范围：-1.7976931348623157E+308～-4.9E-324<br>正数范围：4.9E-324～1.7976931348623157E+308 |
| 字符型（char） | 2 | '\u0000' | '\u0000'～'\uffff ' |

为了使用方便，Java 语言提供了数值型常量的最大值与最小值代码，如表 2.7 所示。

表 2.7　数值型常量的特殊值代码

| 数据类型 | 所在的类 | 最小值代码 | 最大值代码 |
|---|---|---|---|
| byte | java.lang.Byte | Byte.MIN_VALUE | Byte.MAX_VALUE |
| short | java.lang.Short | Short.MIN_VALUE | Short.MAX_VALUE |
| int | java.lang.Integer | Integer.MIN_VALUE | Integer.MAX_VALUE |
| long | java.lang.Long | Long.MIN_VALUE | Long.MAX_VALUE |
| float | java.lang.Float | Float.MIN_VALUE | Float.MAX_VALUE |
| double | java.lang.Double | Double.MIN_VALUE | Double.MAX_VALUE |

说明

表 2.7 中表示浮点型 float 和 double 的最小值和最大值常量分别为正数范围的最小值和最大值。负数范围的最小值或最大值可用加负号的方法获得，如获得 double 型的最小负数可用如下语句：

```
double min= -Double.MAX_VALUE ;
```

### 2.2.3 变量声明及使用

在程序的运行过程中，可将数值通过变量加以存储，以便程序随时使用，步骤如下：

（1）根据数据的类型在内存中分配一个合适的“房间”，并给它命名，即“变量名”。

（2）将数据存储到这个“房间”中。

（3）从“房间”中取出数据使用——可以通过变量名来获得。

现在，相信大家一定能够很清楚地想象到数据如何被存储到内存中及如何被取出来使用了，但如何使用 Java 语言真正实现这一过程呢?

问题：在内存中存储本金 1000 元，显示内存中存储的数据的值。

实现代码如下：

```
public class MyVariable {
    public static void main (String[] args){
        int money = 1000 ;                             //存储本金
            System.out.println(money) ;                //显示存储的数据的值
    }
}
```

示例展示了存储数据和使用数据的过程，输出结果如下：

```
1000
```

虽然关键代码只有两行，但展示了如何定义和使用变量，任何复杂的程序都由此构成。下面对其进行分析。

（1）声明变量，即根据数据类型在内存中申请一块空间，这里需要给变量命名。

**语法**

```
数据类型 变量名;
```

其中，数据类型可以是 Java 定义的任意一种数据类型。例如，要存储 Java 考试最高分 98.5、获得最高分的学生的姓名“张三”及性别“男”：

```
double score;         //声明双精度浮点型变量 score 存储分数
String name;          //声明字符串型变量 name 存储姓名
char sex;             //声明字符型变量 sex 存储性别
```

（2）给变量赋值，即将数据存储至对应的内存空间。

**语法**

```
变量名=值;
```

例如：

```
score = 98.5;        //存储 98.5
name = "张三";       //存储"张三"
sex = '男';          //存储'男'
```

这样的分解步骤有些烦琐，也可以将步骤（1）和步骤（2）合二为一，在声明一个变量的同时给变量赋值。

**语法**

```
数据类型 变量名=值;
```

例如：

```
double score = 98.5;
String name = "张三";
char sex = '男';
```

（3）调用变量。使用存储的变量，我们称之为“调用变量”。

```
System.out.println(score);          //从控制台输出变量 score 存储的值
System.out.println(name);           //从控制台输出变量 name 存储的值
System.out.println(sex);            //从控制台输出变量 sex 存储的值
```

可见，使用声明的变量名就是使用变量对应的内存空间中存储的数据。

另外，需要注意的是，尽管可以选用任意一种自己喜欢的方式进行变量声明和赋值，但是要记住：变量都必须声明和赋值后才能使用。因此，要想使用一个变量，变量的声明和赋值必不可少。

### 2.2.4 变量命名规则

旅馆可以随心所欲地给房间命名，可以是数字“1001”，也可以是一些有趣的名称，如“美国总统”“英国女王”“埃塞俄比亚王妃”等。前面已经介绍了标识符的命名，变量名作为标识符中的一种，需要遵守前面的约束，那么什么样的名称才正确呢？变量命名规则如下：

- 变量必须以字母、下画线“_”或“$”符号开头。
- 变量可以包括数字，但不能以数字开头。
- 除“_”或“$”符号外，变量名中不能包含任何特殊字符。
- 不能使用 Java 语言的关键字，如 int，class，public 等。

对照一下，我们声明的变量名是否符合上述的要求。另外，Java 变量名的长度没有任何限制。Java 语言区分大小写，所以 price 和 Price 是两个完全不同的变量。

## 2.2.5　变量的类型转换

在程序中，当把一种数据类型的值赋给另一种数据类型的变量时，需要进行数据类型转换。根据转换方式的不同，数据类型转换可分为两种：自动类型转换和强制类型转换。

### 1．自动类型转换

自动类型转换也叫隐式类型转换，指的是两种数据类型在转换的过程中不需要显式地进行声明。要实现自动类型转换，必须同时满足两个条件：第一是两种数据类型彼此兼容，第二是目标类型的取值范围大于源类型的取值范围。

Java 中的自动类型转换就好比将小瓶中的水倒入大瓶的过程。我们将小瓶中的水倒入大瓶中时，由于小瓶的容量比大瓶的容量小，因此倒入的水永远不可能溢出大瓶。同样，在 Java 中，将取值范围小的数据类型的变量值赋值给取值范围大的数据类型的变量时，程序也不会出现任何问题。Java 中支持的不同数据类型之间的自动类型转换如图 2.5 所示。

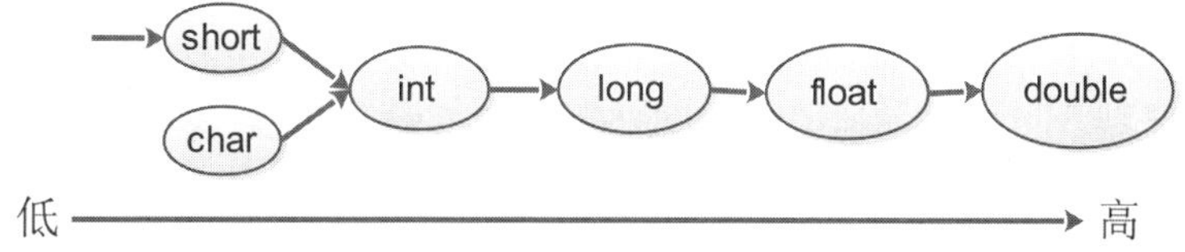


图 2.5　自动类型转换

从图 2.5 可以看出，Java 中取值范围小的 byte，short，char 等类型的数据可以自动转换为取值范围大的数据类型（如 int 类型），并最终都可以自动转换为双精度浮点数类型。例如：

```
int a = 1;
double b = a; //程序把 int 类型的变量 a 转换成了 double 类型，无须特殊说明
byte c = 3;
int d = c;     //程序把 byte 类型的变量 c 转换成了 int 类型，无须特殊说明
```

上面的语句中，把 int 类型的变量 a 转换成了 double 类型，将 byte 类型的变量 c 的值赋给 int 类型的变量 d，由于 int 类型的取值范围大于 byte 类型的取值范围，编译器在赋值过程中不会造成数据丢失，所以编译器能够自动完成这种转换，在编译时不报告任何错误。

除了上述示例中演示的情况，还有很多类型之间可以进行自动类型转换，接下来就列出 3 种可以进行自动类型转换的情况，具体如下：

➢ 整数类型之间可以转换，如 byte 类型的数据可以赋值给 short，int 和 long 类型的变量，short，char 类型的数据可以赋值给 int 和 long 类型的变量，int 类型的数据可以赋值给

long 类型的变量。

- 整数类型可以转换为 float 类型，如 byte，char，short，int 类型的数据可以赋值给 float 类型的变量。
- 其他类型可以转换为 double 类型，如 byte，char，short，int，long，float 类型的数据可以赋值给 double 类型的变量。

### 2. 强制类型转换

强制类型转换也叫显式类型转换，指的是两种数据类型之间的转换需要显式地进行声明。当两种类型彼此不兼容或者目标类型取值范围小于源类型时，自动类型转换无法进行，这时就需要进行强制类型转换。Java 中的强制类型转换就好比将大瓶中的水倒入小瓶中一样，如果大瓶中的水少于小瓶的容量，那么水是可以完全倒入的；如果大瓶中的水过多，超过了小瓶的容量，那么多出来的水就会溢出，从而造成损失。同理，将取值范围大的数据类型的变量值赋值给取值范围小的数据类型的变量时，就可能造成数据丢失，所以系统默认不支持这种行为，只能由开发者自己决定是否进行强制类型转换。

接下来演示一个错误类型转换的例子，如示例 1 所示。

**【示例 1】 强制类型转换 1**

```
public class Demo01{
    public static void main(String[] args){
        int num = 4;
        byte b = num ;
        System.out.println(b);
    }
}
```

程序编译时报错，如图 2.6 所示。

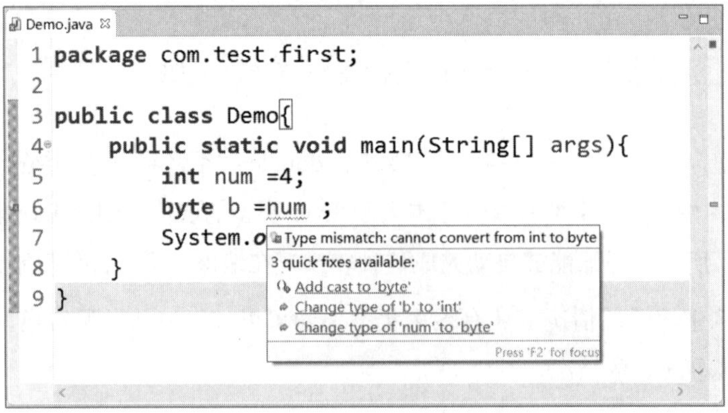

```
Demo.java
package com.test.first;

public class Demo{
    public static void main(String[] args){
        int num =4;
        byte b =num ;
        System.o
    }
}
```

Type mismatch: cannot convert from int to byte
3 quick fixes available:
Add cast to 'byte'
Change type of 'b' to 'int'
Change type of 'num' to 'byte'
Press 'F2' for focus

图 2.6 编译时报错

在进行 Java 代码编写时，Eclipse 开发工具会自动对已编写的代码进行检测，如果发现问题，则会以红色波浪线和红叉的形式进行提醒。将鼠标悬停在出现红色波浪线的位置时，会出现一个悬浮框，悬浮框内将提示错误信息以及快速解决方案。

从图 2.6 可以看出，程序编译过程中出现了类型转换异常，提示“cannot convert from int to byte”（无法将 int 类型转换为 byte 类型）。出现这一错误的原因是将一个 int 型的值赋给 byte 类型的变量 b 时，int 类型的取值范围大于 byte 类型的取值范围，这样的赋值可能会导致数值溢出，也就是说 1 字节的变量无法存储 4 字节的整数值。

在这种情况下，就需要进行强制类型转换，其语法格式如下：

```
目标类型 变量名=(目标类型)值;
```

将示例 1 中的第 4 行代码修改为下面的代码：

```
byte b = (byte) num;
```

修改后保存源程序，运行时将不再报错，程序的运行结果如下：

```
4
```

需要注意的是，在对变量进行强制类型转换时，会发生取值范围较大的数据类型向取值范围较小的数据类型的转换情况，如将一个 int 类型的数转为 byte 类型，这样做极容易造成数据精度的丢失。接下来通过一个案例来说明，如示例 2 所示。

【示例 2】　强制类型转换 2

```
public class Demo02 {
    public static void main(String[] args) {
        byte a;              //定义 byte 类型的变量 a
        int b = 298;         //定义 int 类型的变量 b，其表现形式是十六进制
        a = (byte) b;
        System.out.println("b = " +b);
        System.out.println("a = "+a);
    }
}
```

运行结果如下：

```
b = 298
a = 42
```

示例 2 中，第 5 行代码进行了强制类型转换，将一个 int 类型的变量 b 强制转换成 byte 类型，然后再将强制转换后的结果赋值给 byte 类型的变量 a。从运行结果可以看出，变量 b 本身的值

为 298，然而在赋值给变量 a 后，变量 a 的值却为 42，这说明在强制转换过程中丢失了精度。出现这种现象的原因是，变量 b 为 int 类型，在内存中占用 4 字节；而 byte 类型的数据在内存中占用 1 字节。当将变量 b 的类型强制转换为 byte 类型后，前面 3 个高位字节的数据丢失，这样数值就发生了改变。int 类型强制转换为 byte 类型的过程如图 2.7 所示。

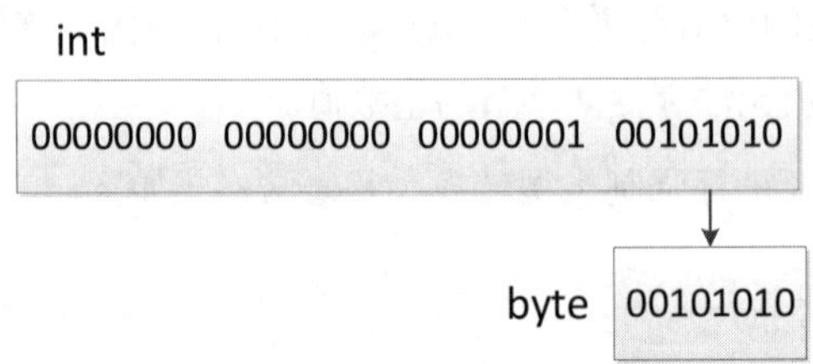


图 2.7 int 类型强制转换为 byte 类型的过程

表达式是指由变量和运算符组成的算式。变量在表达式中进行运算时，也有可能发生自动类型转换，这就是表达式数据类型的自动提升，如 byte，short 和 char 类型的变量在运算期间类型会自动提升为 int，然后再进行运算。下面通过一个具体的案例来演示，如示例 3 所示。

【示例 3】 强制类型转换 3

```
public class Demo03 {
    public static void main(String[] args) {
        byte b = 3;
        short s = 4;
        char c = 5;
        //将 byte、short、char 类型数值相加，再赋值给 byte 类型
        byte b2 = b+s+c;
        System.out.println("b2=" + b2);
    }
}
```

程序编译报错，如图 2.8 所示。

```
*Demo3.java
public class Demo3 {
    public static void main(String[] args) {
        byte b =3;
        short s =4;
        char c =5;
        //将byte、short、char类型数值相加，再赋值给byte类型
        byte b2 = b+s+c;
         System.out.p
    }
}
```

Type mismatch: cannot convert from int to byte
2 quick fixes available:
Add cast to 'byte'
Change type of 'b2' to 'int'
Press 'F2' for focus

图 2.8 程序编译报错

图 2.8 中，出现了和图 2.6 相同的类型转换错误，这是因为在表达式 b+s+c 运算期间，byte 类型的 b、short 类型的 s 和 char 类型的 c 都被自动提升为 int 类型，表达式的运算结果也就

成了 int 类型，如果将该结果赋给 byte 类型的变量就会报错，此时就需要进行强制类型转换。

要解决示例 3 中的错误，必须将图 2.8 中第 9 行的代码修改为：

```
byte b2 = (byte) (b+s+c);
```

再次编译后，程序不会报错，运行结果如下：

```
b2=12
```

## 2.2.6　变量的作用域

前面介绍过，变量需要先定义后使用，但这并不意味着在变量定义之后的语句中一定可以使用该变量。变量在它的作用范围内才可以被使用，这个作用范围称为变量的作用域。在程序中，变量一定会被定义在某一对花括号中，该花括号所包含的代码区域便是这个变量的作用域。接下来通过一个代码片段来分析变量的作用域，具体如下：

```
public static void main(String[] args) {
    int x=4;
    {
        int y=9;
        ......
    }
        ......
}
```

y的作用域

X 的作用域

上面的代码中有两层花括号。其中，外层花括号所标识的代码区域是变量 x 的作用域，内层花括号所标识的代码区域是变量 y 的作用域。变量的作用域在编程中尤为重要，接下来通过一个案例进一步熟悉变量的作用域，如示例 4 所示。

**【示例 4】　变量的作用域**

```
public class Demo04 {
    public static void main(String[] args) {
        int x = 3; // 定义了变量 x
        {
            int y = 5; // 定义了变量 y
            System.out.println("x =" + x); // 访问变量 x
            System.out.println("y =" + y); // 访问变量 y
        }
        y = x; // 访问变量 x，为变量 y 赋值
        System.out.println("x =" + x); // 访问变量 x
    }
}
```

程序编译报错，结果如图 2.9 所示。

```
public class Demo4 {

    public static void main(String[] args) {
        int x = 3; // 定义了变量x
        {
            int y = 5; // 定义了变量y
            System.out.println("x =" + x); // 访问变量x
            System.out.println("y =" + y); // 访问变量y
        }
        y = x; // 访问变量x，为变量y赋值
        System.out.println("x =" + x); // 访问变量x
    }
}
```



图 2.9 程序编译报错

图 2.9 中出现了“y 不能被解析为一个变量”的错误。出错的原因在于：在给变量 y 赋值时超出了它的作用域。将示例 4 中的第 9 行代码去掉，保存后再运行将不再报错，运行结果如下：

```
x =3
y =5
x =3
```

在修改后的代码中，变量 x 和 y 都在各自的作用域中，因此都可以被访问。

## 2.2.7 常量

常量为程序运行过程中不会改变的值，如圆周率等。常量的声明形式与变量的声明形式基本一样，只需用关键字 final 标识，final 通常写在最前面。常量名需要大写，多个单词之间使用“_”分隔，这种命名方式称为“匈牙利命名”。定义常量的语法如下。

**语法**

```
final 数据类型 常量名=值;
```

例如：

```
final double PI = 3.14;//定义表示圆周率的常量
final char MALE = 'M',FEMALE= 'F';//定义表示性别的常量
final int STUDENT_MAX_NUM = 50;//定义表示最多学生人数的常量
final int MAX=10;   //定义表示最大值的常量
```

Java 语言建议常量标识符全部用大写字母表示。在前面的代码中，MAX 声明为值是 10 的整型常量，PI 声明为浮点型常量。程序中使用常量有两个好处：一是增加可读性，从常量名可知常量的含义；二是增强可维护性，若程序中多处使用常量，当要对它们进行修改时，只需在

声明语句中修改一处即可。

### 2.2.8 技能训练

**上机练习 1** **商品入库**

**需求说明**

现在要对华为和小米两种手机商品进行入库，要求编写一个模拟商品入库的程序，可以在控制台输入入库商品的数量，最后打印出仓库中所有商品的详细信息以及所有商品的总库存数和库存商品总金额。

商品信息如下：

- 品牌型号
- 价格
- 库存
- 尺寸
- 配置
- 总价

## 2.3 从键盘输入数据

在程序设计中，经常需要从键盘上读取数据，这时就需要用户从键盘输入数据，这样可以增加与用户之间的交互。为了简化输入操作，从 Java SE 5 版本开始，java.util 类库中新增了一个专门用于输入操作的类 Scanner，可以使用该类创建一个对象，然后利用该对象调用相应的方法，从键盘上读取数据。

【示例 5】 从键盘上读取数据 1

```
import java.util.Scanner;

public class Demo05 {
    public static void main(String[] args) {
        Scanner input = new Scanner(System.in);    // 用 System.in 创建一个 Scanner 对象
        double num;      // 声明 double 型变量，也可声明其他数值型变量
        num = input.nextDouble();    // 调用 reader 对象的相应方法，读取键盘数据
    }
}
```

在该结构中，用创建的 input 对象调用 nextDouble()方法来读取用户从键盘上输入的 double 型数据。也可用 reader 对象调用下列方法读取用户在键盘上输入的相应类型的数据：nextByte()，nextDouble()，nextFloat()，nextInt()，nextLong()，nextShort()，next()，nextLine()。

上述的 nextXXX()方法被调用后，等待用户从键盘上输入数据并按 Enter 键（或空格键、Tab 键）确认。在从键盘上输入数据时，通常的做法是让 reader 对象先调用 hasNextXXX()方法判断用户在键盘上输入的是否是相应类型的数据，然后再调用 nextXXX()方法读取数据。例如，

用户在键盘上输入 123.45 后按 Enter 键，hasNextFloat()的值为 true，而 hasNextInt()的值为 false。next()或 nextLine()方法被调用后，则等待用户在键盘上输入一行文本，即字符串，这两个方法返回 String 类型的数据。

下面举一个简单的例子，利用 Scanner 类，调用 next() 和 nextLine()方法接收从键盘上输入的字符串型数据，如示例 6 所示。

【示例 6】 从键盘上读取数据 2

```
import java.util.Scanner;

public class Demo06 {
    public static void main(String[] args) {
        String s1, s2;
        Scanner input = new Scanner(System.in);
        System.out.print("请输入第一个数据:");
        s1 = input.nextLine(); // 将输入的内容作为字符串型数据赋值给变量 s1
        System.out.print("请输入第二个数据:");
        s2 = input.next(); // 按 Enter 键后，next()方法将回车符和换行符去掉
        System.out.println("输入的是" + s1 + "和" + s2);
    }
}
```

程序运行结果如下：

```
请输入第一个数据:abc 123          Enter
请输入第二个数据:xyz 456          Enter
输入的是 abc 123 和 xyz
```

next()方法一定要读取到有效字符后才可以结束输入，对于输入有效字符之前遇到的空格键、Tab 键或 Enter 键等，next()方法会自动将其去掉，只有在输入有效字符之后，next()方法才将其后输入的空格键、Tab 键或 Enter 键视为分隔符或结束符；而 nextLine()方法的结束符只有 Enter 键，即 nextLine()方法返回的是 Enter 键之前的所有字符。我们可以将代码中的 nextLine()方法改为 next()方法、next()方法改为 nextLine()方法再试一下，以加深理解。

## 2.4 运算符

在程序设计中经常要进行运算、赋值和比较等操作，从而达到改变变量值的目的。要实现运算，就要使用运算符。运算符是用来表示某一种运算的符号，它指明了对操作数所进行的运算。按操作数的数目来分，有一元运算符（如++、--）、二元运算符（如+、-、*、/、=、>等）和三元运算符（如 ? :），它们分别对应于一个、两个和三个操作数。按照功能，运算符可分为算术运算符、赋值运算符、关系运算符、逻辑运算符、位运算符、条件运算符和字符串运算符等。

## 2.4.1　算术运算符

顾名思义，算术运算符就是用来进行算术运算的符号。这类运算符是最基本、最常见的。算术运算符作用于整型或浮点型数据，完成相应的算术运算。Java 语言的算术运算符分为一元运算符和二元运算符。一元运算符只有一个操作数参加运算，而二元运算符则有两个操作数参加运算。

### 1．二元算术运算符

二元算术运算符如表 2.8 所示。

表 2.8　二元算术运算符

| 运算符 | 功能 | 示例 |
| --- | --- | --- |
| + | 加运算 | a+b |
| – | 减运算 | a–b |
| * | 乘运算 | a*b |
| / | 除运算 | a/b |
| % | 取模（求余）运算 | a%b |

对于除号“/”，整数除法和实数除法是有区别的：两个整数之间做除法时，只保留整数部分而舍弃小数部分，如 10/3=3。对于两个整数之间的除法和取模运算，式子(a/b)*b+(a%b)==a 恒成立。

对取模运算符“%”来说，其操作数可以为浮点数，即 a%b 与 a–((int)(a/b)*b)的语义相同，这表示 a%b 的结果是除完后剩下的浮点数部分。只有单精度操作数的浮点表达式按照单精度运算求值，产生单精度结果。如果浮点表达式中含有一个或一个以上的双精度操作数，则按双精度运算，结果是双精度浮点数，如 37.2%10=7.2。

值得注意的是，Java 语言对加运算符进行了扩展，使它能够进行字符串的连接，如"abc"+"de"得到字符串"abcde"。

### 2．一元算术运算符

一元算术运算符如表 2.9 所示。

表 2.9　一元算术运算符

| 运算符 | 功能 | 示例 |
| --- | --- | --- |
| + | 正值 | +a |
| – | 负值 | –a |
| ++ | 加 1 | ++a 或 a++ |
| –– | 减 1 | ––a 或 a–– |

说明

一元运算符与操作数之间不允许有空格。加 1 或减 1 运算符不能用于表达式，只能用于简单变量。例如，++(x+1)有语法错误。

算术运算符看上去都比较简单，也很容易理解，但在实际使用时还有很多需要注意的问题，具体如下。

（1）加 1、减 1 运算符既可放在操作数之前（如++i 或--i），也可放在操作数之后（如 i++或 i--），但两者的运算方式不同：如果放在操作数之前，操作数先进行加 1 或减 1 运算，然后将结果用于表达式的操作；如果放在操作数之后，则操作数先参加其他运算，然后再进行加 1 或减 1 运算。例如：

```
int i=10,j,k,m,n;
j=+i;//取原值,则 j=10
k=-i;//取相反符号值,则 k=-10
m=i++;//先 m=i,再 i=i+1,则 m=10,i=11
m=++i;//先 i=i+1,再 m=i,则 i=12,m=12
n=i--;//先 n=i,再 i=i-1,则 n=12,i=11
n=--i;//先 i=i-1,再 n=i,则 i=10,n=10
```

请仔细阅读下面的代码块，并思考运行的结果：

```
int a = 1;
int b = 2;
int c = a + b++;
System.out.print("b="+b);
System.out.print("c="+c);
```

上面代码块的运行结果为：b=3、c=3。在上述代码中，定义了 3 个 int 类型的变量 a、b、c。其中，a=1、b=2。当进行“a+b++”运算时，由于运算符++写在变量 b 的后面，属于先运算再自增，因此变量 b 在参与加法运算时值仍然为 2，c 的值应为 3。变量 b 在参与运算之后进行自增，因此 b 的最终值为 3。

（2）在进行除法运算时，当除数和被除数都为整数时，得到的结果也是一个整数。如果除法运算有小数参与，得到的结果会是一个小数。例如，2510/1000 属于整数之间相除，因此会忽略小数部分，得到的结果是 2；而 2.5/10 的结果为 0.25。

请思考一下下面表达式的结果是多少：

```
3500/1000*1000
```

结果为 3000。由于表达式的执行顺序是从左到右，所以先执行除法运算 3500/1000，得到结果为 3，再乘以 1000，得到的结果自然就是 3000 了。

（3）在进行取模（%）运算时，运算结果的正负取决于被模数（%左边的数）的符号，与模数（%右边的数）的符号无关。例如，(−5)%3=−2，而 5%(−3)=2。

## 2.4.2 赋值运算符

### 1. 赋值运算符

关于赋值运算符“=”，在介绍变量的赋值时已经简单提过。简单的赋值运算是把一个表达式的值直接赋给一个变量或对象，使用的赋值运算符是“=”，其格式如下：

```
变量或对象=表达式;
```

在赋值运算符两侧数据类型不一致的情况下，则需要进行自动或强制类型转换：变量从占用内存较少的短数据类型转换成占用内存较多的长数据类型时，Java 会自动进行隐含类型转换；而将变量从较长的数据类型转换成较短的数据类型时，则必须做强制类型转换，即采用“（类型）表达式”的方式。

在 Java 中，赋值运算符右端的表达式还可以是赋值表达式，可以通过一条赋值语句对多个变量进行赋值，形成连续赋值的情况。具体示例如下：

```
int x,y,z;
x=y=z=5;//为三个变量同时赋值
```

在上述代码中，一条赋值语句对变量 x，y，z 同时赋值为 5。需要特别注意的是，下面的这种写法在 Java 中是不可以的：

```
int x=y=z=5;      //这样写是错误的
```

### 2. 扩展赋值运算符

在赋值运算符“=”前加上其他运算符，即构成扩展赋值运算符。例如，a+=3 等价于 a=a+3。也就是说，扩展赋值运算符是先进行某种运算之后，再对运算的结果进行赋值。表 2.10 列出了 Java 语言中的扩展赋值运算符及其等效表达式。

表 2.10　扩展赋值运算符及其等效表达式

| 运算符 | 示例 | 等效表达式 |
|---|---|---|
| += | a+=b | a=a+b |
| -= | a-=b | a=a-b |
| *= | a*=b | a=a*b |
| /= | a/=b | a=a/b |
| %= | a%=b | a=a%b |
| &= | a&=b | a=a&b |
| \|= | a\|=b | a=a\|b |
| ^= | a^=b | a=a^b |
| >>= | a>>=b | a=a>>b |

续表

| 运算符 | 示例 | 等效表达式 |
|---|---|---|
| <<= | a<<=b | a=a<<b |
| >>>= | a>>>=b | a=a>>>b |

在赋值过程中，运算顺序为从右往左，将右边表达式的结果赋值给左边的变量。

### 2.4.3 关系运算符

关系运算符用于比较两个值之间的大小，结果返回逻辑值 true 或 false。关系运算符都是二元运算符。关系运算符如表 2.11 所示。

表 2.11 关系运算符

| 运算符 | 功能 | 示例 |
|---|---|---|
| > | 大于 | a>b |
| >= | 大于或等于 | a>=b |
| < | 小于 | a<b |
| <= | 小于或等于 | a<=b |
| == | 等于 | a==b |
| != | 不等于 | a!=b |

注意

不能在浮点数之间做“==”比较，因为浮点数在表达上有难以避免的微小误差，精确的相等比较无法达到，所以这类比较没有意义。

在使用比较运算符时需要注意一个问题：不能将比较运算符“==”误写成赋值运算符“=”。

### 2.4.4 逻辑运算符

逻辑运算与关系运算的关系非常密切，关系运算是运算结果为逻辑值的运算，而逻辑运算是操作数与运算结果都是逻辑值的运算。逻辑运算符如表 2.12 所示。

表 2.12 逻辑运算符

<table>
<tr><th>运算符</th><th>功能</th><th>示例</th><th>运算规则</th></tr>
<tr><td>&</td><td>逻辑与</td><td>a&b</td><td>两个操作数均为 true 时，结果才为 true</td></tr>
<tr><td>|</td><td>逻辑或</td><td>a|b</td><td>两个操作数均为 false 时，结果才为 false</td></tr>
<tr><td>!</td><td>逻辑非（取反）</td><td>!a</td><td>将操作数取反</td></tr>
<tr><td>^</td><td>异或</td><td>a^b</td><td>两个操作数同真或同假时，结果才为 false</td></tr>
<tr><td>&&</td><td>短路与</td><td>a&&b</td><td>两个操作数均为 true 时，结果才为 true</td></tr>
<tr><td>||</td><td>短路或</td><td>a||b</td><td>两个操作数均为 false 时，结果才为 false</td></tr>
</table>

在使用逻辑运算符的过程中，需要注意以下几个细节：

（1）逻辑运算符可以针对结果为逻辑值的表达式进行运算，例如，x > 3 && y != 0。

（2）运算符“&”和“&&”都表示与操作，当且仅当运算符两边的操作数都为 true 时，其结果才为 true，否则结果为 false。当运算符“&”和“&&”的右边为表达式时，两者在使用上有一定的区别：在使用“&”进行运算时，无论左边是 true 还是 false，右边的表达式都会进行运算；如果使用“&&”进行运算，当左边为 false 时，右边的表达式不会进行运算，因此“&&”被称作短路与。

接下来通过一个案例来深入了解一下两者的区别，如示例 7 所示。

**【示例 7】　运算符“&”和“&&”**

```
public class Demo07 {
    public static void main(String[] args) {
        int x = 0; // 定义变量 x，初始值为 0
        int y = 0; // 定义变量 y，初始值为 0
        int z = 0; // 定义变量 z，初始值为 0
        boolean a, b; // 定义 boolean 变量 a 和 b
        a = x > 0 & y++ > 1;  // 逻辑运算符&对表达式进行运算，然后将结果赋值给 a
        System.out.println("a = " + a);
        System.out.println("y = " + y);
        b = x > 0 && z++ > 1; // 逻辑运算符&&对表达式进行运算，然后将结果赋值给 b
        System.out.println("b = " + b);
        System.out.println("z = " + z);
    }
}
```

示例 7 中定义了 3 个整型变量，初始值都为 0，同时定义了两个逻辑型的变量 a 和 b。第 7 行代码使用“&”运算符对两个表达式进行运算，左边表达式 x>0 的结果为 false，这时无论右边表达式 y++>1 的比较结果是什么，整个表达式 x>0&y++>1 的结果都是 false。由于使用的是单个的运算符“&”，运算符两边的表达式都会进行运算，因此变量 y 会进行自增。整个表达式运算结束时，y 的值为 1。第 10 行代码也是与运算，运算结果和第 7 行代码一样为 false，区别在于在第 10 行中使用了短路与“&&”运算符，当左边为 false 时，右边的表达式不进行运算，因此变量 z 的值仍为 0。

（3）运算符“|”和“||”都表示或操作，当运算符两边的操作数任何一边的值为 true 时，其结果为 true；当两边的值都为 false 时，其结果才为 false。同与操作类似，“||”表示短路或，当运算符“||”的左边为 true 时，右边的表达式不会进行运算，具体示例如下：

```
int x=0;
int y=0;
```

```
boolean b=x==0 || y++>0
```

上面的代码块执行完毕后，b 的值为 true，y 的值仍为 0。出现这样结果的原因是：运算符“||”左边的 x==0 结果为 true，那么右边表达式将不会进行运算，y 的值不发生任何变化。

（4）运算符“^”表示异或操作，当运算符两边的逻辑值相同时（都为 true 或都为 false），其结果为 false；当两边的逻辑值不同时，其结果为 true。

## 2.4.5 位运算符

位运算符以二进制比特位为单位对操作数进行操作和运算。Java 语言中提供了如表 2.13 所示的位运算符。

表 2.13 位运算符

| 运算符 | 功能 | 示例 | 运算规则 |
|---|---|---|---|
| ～ | 按位取反 | ～a | 将 a 按位取反 |
| & | 按位与 | a & b | 将 a 和 b 按比特位相与 |
| \| | 按位或 | a \| b | 将 a 和 b 按比特位相或 |
| ^ | 按位异或 | a ^ b | 将 a 和 b 按比特位相异或 |
| >> | 右移 | a>>b | 将 a 各比特位向右移 b 位 |
| << | 左移 | a<<b | 将 a 各比特位向左移 b 位 |
| >>> | 0 填充右移 | a>>>b | 将 a 各比特位向右移 b 位，左边的空位一律填 0 |

Java 语言的位运算符可分为按位运算和移位运算两类。在这两类位运算符中，除一元运算符“～”以外，其余均为二元运算符。位运算符的操作数只能为整型或字符型数据。有的符号（如&、|、^）与逻辑运算符的写法相同，但逻辑运算符的操作数为逻辑值，用户在使用时要注意它们的区别。

## 2.4.6 条件运算符

Java 语言提供了高效简便的三元条件运算符（?:）。该运算符的格式如下：

```
表达式 1 ? 表达式 2 : 表达式 3;
```

其中，“表达式 1”是一个结果为逻辑值的逻辑表达式。该运算符的功能是：先计算“表达式 1”的值，当“表达式 1”的值为 true 时，则将“表达式 2”的值作为整个表达式的值；当“表达式 1”的值为 false 时，则将“表达式 3”的值作为整个表达式的值。例如：

```
int a=1,b=2,max;
max=a > b ? a : b;//max 获得 a,b 之中的较大值
System.out.println("max="+max);//输出结果为 max=2
```

要通过测试某个表达式的值来选择两个表达式中的一个进行计算时，用条件运算符来实现是一种简练的方法。这时，它实现了 if…else 语句的功能。

### 2.4.7　字符串运算符

字符串运算符“+”是以字符串为对象进行的操作。运算符“+”完成字符串连接操作，如果必要，则系统自动把操作数转换为字符串。例如：

```
float a=100.0f;//定义变量 a 为浮点型
print("The value of a is"+a+"\n");//系统自动将 a 转换成字符串
```

如果操作数是一个对象，则可利用相应类中的 toString()方法将该对象转换成字符串，然后再进行字符串连接运算。“+=”运算符也可以用于字符串。例如，设 s1 为 String 类型，a 为 int 类型，则有：

```
s1+=a; //s1=s1+a,a 自动转换为字符串
```

### 2.4.8　表达式及运算符的优先级、结合性

表达式是由变量、常量、对象、方法调用和操作符组成的式子，它执行这些元素指定的计算并返回某个值。例如，a+b 和 c+d 都是表达式，表达式用于计算并对变量赋值，以及作为程序控制的条件。作为特例，单独的常量、变量或方法等均可看作一个表达式。

在对一个表达式进行运算时，要按运算符的优先级从高向低进行。运算符的优先级决定了表达式中不同运算执行的先后顺序，大体上来说，从高到低依次是：一元运算符、二元算术运算符、关系运算符和逻辑运算符、赋值运算符。运算符除有优先级外，还有结合性，运算符的结合性决定了并列的多个同级运算符的先后执行顺序。同级的运算符大都是按从左到右的方向进行运算的（称为“左结合性”）。大部分运算符的结合性都是从左向右，而赋值运算符、一元运算符等则有右结合性。表 2.14 给出了 Java 语言中运算符的优先级和结合性。

表 2.14　运算符的优先级及结合性（表顶部的优先级最高）

| 优先级 | 运算符 | 运算符的结合性 |
|---|---|---|
| 1 | .　[]　() | 左→右 |
| 2 | ++　--　!　～　+（正号）　-（负号）instanceof | 右→左 |
| 3 | new　(类型) | 右→左 |
| 4 | *　/　% | 左→右 |
| 5 | +　-（二元） | 左→右 |
| 6 | <<　>>　>>> | 左→右 |
| 7 | <　>　<　=　>= | 左→右 |

续表

| 优先级 | 运算符 | 运算符的结合性 |
|---|---|---|
| 8 | == != | 左→右 |
| 9 | & | 左→右 |
| 10 | ^ | 左→右 |
| 11 | \| | 左→右 |
| 12 | && | 左→右 |
| 13 | \|\| | 左→右 |
| 14 | ? : | 左→右 |
| 15 | = += -= *= /= %= <<= >>= >>>= &= ^= \|= | 右→左 |

在表达式中，可以用括号()显式地标明运算次序，括号中的表达式首先被计算。适当地使用括号可以使表达式的结构清晰。例如：

```
a>=b && c<d || e==f
```

可以用括号显式地写成：

```
((a<=b) && (c<d))||(e==f)
```

这样就清楚地标明了运算次序，使程序的可读性增强。

括号必须成对使用。

### 2.4.9 技能训练

**上机练习 2　实现购物结算**

**需求说明**

张三的购物清单如表 2.15 所示。

表 2.15 购物清单

| 商品 | 单价（元） | 个数 |
|---|---|---|
| T 恤 | 245 | 2 |
| 网球鞋 | 570 | 1 |
| 网球拍 | 320 | 1 |

假设他可以享受八折购物的优惠，请计算实际消费金额。程序运行结果如下：

```
消费总金额:1104.0
```

**实现思路**

- 创建 Java 类 Pay。
- 声明变量，存储信息。
- 计算总金额。

消费总额 = 各商品的消费金额之和×折扣

## 上机练习 3　打印购物小票和计算积分

**需求说明**

在上机练习 2 的基础上，实现以下需求：

- 结算时顾客支付 1500 元，打印购物小票。
- 计算此次购物获得的会员积分（每消费 100 元可获得 3 分）。
- 程序运行结果如图 2.10 所示。

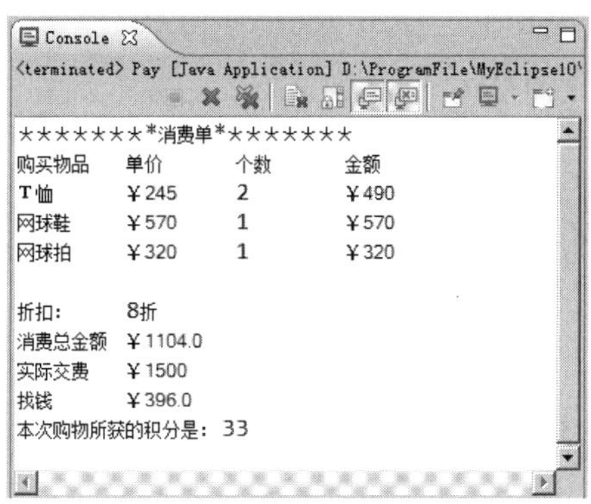


图 2.10　上机练习 3 的运行结果

提示

- 使用“\t”和“\n”控制购物小票的输出格式。
- 计算本次消费所获得的积分：所获积分= (int)消费总额*3/100。
- 在微软拼音输入法下，“$”键代表“¥”。

## 上机练习 4　模拟幸运抽奖

**需求说明**

商场推出幸运抽奖活动，抽奖规则如下。

- 顾客的四位会员卡号的各位数字之和大于 20，则为幸运顾客。
- 计算 3569 各位数字之和，程序运行结果如下：

```
请输入 4 位会员卡号:3569
会员卡号 3569 各位之和:23
是幸运客户吗?true
```

**训练要点**

- 算术运算符（%、/）的使用。
- 使用 Scanner 类接收用户输入。
- 关系运算符和 boolean 类型的用法。

提示

使用另一种方法也可以分解获得各位数字：

```
qianwei = custNo / 1000 ;          //分解获得千位数字
baiwei =custNo % 1000 / 100;       //分解获得百位数字
shiwei = custNo % 100 / 10;        //分解获得十位数字
gewei = custNo % 10;               //分解获得个位数字
```

## 上机练习 5 计算三角形面积

**需求说明**

已知三角形三边长度分别为 x，y，z，其半周长为 q，根据海伦公式计算三角形面积 S。三角形半周长和三角形面积公式分别如下：

```
三角形半周长  q=(x+y+z)/2
三角形面积    S = (q*(q-x)*(q-y)*(q-z))**0.5
```

编写程序，实现接收用户输入的三角形边长、计算三角形面积的功能。

## 本章总结

- Java 语言的数据类型可分为下列两种：基本数据类型和引用数据类型。
- 常量是在程序运行的整个过程中保持其值不改变的量；变量是其值在程序运行中可以改变的量。
- Java 语言的变量名称可以由英文字母、数字或下画线等组成。但要注意，名称中不能有空格，且第一个字符不能是数字；名称也不能是 Java 语言的关键字。此外，Java 语言的变量名是区分大小写的。
- 使用变量的原则是“先声明后使用”，即变量在使用前必须先声明。
- 变量赋值有三种方法：在声明的时候赋值、声明后再赋值、在程序中的任何位置声明并赋值。

- Java 语言提供了数值类型量的最大值、最小值代码。最大值代码是 MAX_VALUE，最小值是 MIN_VALUE。如果要使用某个数值类型量的最大值或最小值，只要在这些代码的前面加上它们所属的类全名即可。
- 逻辑（boolean）类型的变量只有 true（真）和 false（假）两种。
- Unicode（标准码）为每个字符指定了一个唯一的数值，因此在任何语言、平台、程序中都可以放心地使用。
- 数据类型的转换可分为两种：自动类型转换和强制类型转换。
- 由键盘输入数据时，Java 语言的输入格式是固定的。使用 Scanner 类的对象调用相应的 nextXXX()方法可直接读取由键盘输入的相应类型的数据。
- 表达式是由操作数与运算符所组成的。括号()是用来处理表达式的优先级的，也是 Java 语言的运算符。
- 当表达式中各数值型操作数的类型不匹配时，有如下处理方法：
  - ◎ 占用较少字节的数据类型转换成占用较多字节的数据类型。
  - ◎ 有 short 和 int 类型，则用 int 类型。
  - ◎ byte 类型转换成 short 类型。
  - ◎ int 类型转换成 float 类型。
  - ◎ 若某个操作数的类型为 double，则另一个也会转换成 double 类型。
  - ◎ 逻辑型不能转换成其他类型。
- Java 语言的运算符是有优先级和结合性的。运算符的优先级决定了表达式中不同运算符的先后执行顺序，而结合性决定了并列的多个同级运算符的先后执行顺序。

## 本章作业

### 一、选择题

1．假定 x 和 y 为整型，其值分别为 16 和 5，则 x/y 和 x%y 的值分别为（　　）和（　　）。（选择两项）

A．3　　B．2　　C．1　　D．3.2

2．以下（　　）是合法的变量名。

A．double　　B．3x　　C．sum　　D．de$f

3．下列语句中，（　　）正确完成了整型变量的声明和赋值。（选择两项）

A．int count, count = 0;　　B．int count = 0;

C．count = 0;　　D．int count1 = 0, count2 = 1;

4．表达式(11+3*8)/4%3 的值是（　　）。

A．31　　B．0　　C．1　　D．2

5．为一个 boolean 类型的变量赋值时，可以使用（　　）。

A．boolean a = 1;　　　　B．boolean a = (9>=10);

C．boolean a = "真";　　　　D．boolean a == false;

## 二、简答题

1．简述 Java 中变量的命名规则。

2．举例说明在什么情况下会发生自动类型转换。

## 三、综合应用题

1．小明的左手、右手中分别拿两张纸牌：黑桃 10 和红桃 8，现在交换手中的牌。用程序模拟这一过程：两个整数分别保存在两个变量中，将这两个变量的值互换，并输出互换后的结果。程序运行结果如下：

```
输出互换前手中的纸牌：
左手中的纸牌：10
右手中的纸牌： 8
输出互换后手中的纸牌：
左手中的纸牌： 8
右手中的纸牌： 10
```

提示

互换两个变量的值需要借助第三个变量。前两个变量用来存储两个整数，第三个变量用来作为中间变量，借助于这个中间变量将两个变量的值进行互换。

2．小明要出国旅游，可是那里的温度是以华氏度为单位记录的。他需要一个程序将华氏度转换为摄氏度，并分别以华氏度和摄氏度为单位显示温度。编写程序实现此功能。要求：可以从控制台输入温度信息。

提示

摄氏度与华氏度的转换公式：摄氏度= 5/9.0 *(华氏度-32)。

# 第 3 章
# 选择语句

## 本章目标

◎ 掌握简单 if语句

◎ 掌握多重 if语句

◎ 掌握嵌套 if语句

◎ 掌握 switch 语句

◎ 综合运用 if语句和 switch 语句解决问题

## 本章简介

从本章开始，我们将学习程序的流程结构。在前两章中，我们编写的程序总是从程序入口开始，顺序执行每一条语句，直到执行完最后一条语句结束，但是生活中经常需要进行条件判断（可使用 if语句），根据判断结果决定是否做一件事情。除了基本的 if语句，我们还会学习复杂的 if语句，主要包括多重 if语句、嵌套 if语句，并在 if语句的基础上学习 switch 语句，然后，对选择语句的各种实现形式进行总结，进一步理解和掌握每种选择语句的用法和适用场合。在学习的过程中，要理解每种选择语句的语法特点，并体会它们的适用场合，以达到灵活应用的目的。

# 技术内容

## 3.1 Java代码的执行流程

### 3.1.1 怎样表示一个程序的执行流程

为了表示一个程序的执行流程，可以用不同的方法。常用的方法有：自然语言、传统流程图、结构化流程图和伪代码等。

程序的执行流程可以用自然语言来表示。自然语言就是人们日常使用的语言，可以是汉语、英语或其他语言。用自然语言表示通俗易懂，但文字冗长，容易出现歧义。自然语言表示的含义往往不大严格，要根据上下文才能判断其正确含义。例如，有这样一句话："张先生对李先生说他的孩子考上了大学。"请问：是张先生的孩子考上了大学还是李先生的孩子考上了大学呢？光从这句话本身难以判断。此外，用自然语言描述包含分支和循环的算法不大方便。因此，除了那些很简单的问题，一般不用自然语言表示程序的执行流程。

流程图是一种使用较广泛的表示算法的方式，用一些图框来表示各种操作。用图形表示算法，直观形象，易于理解。美国国家标准化协会（American National Standard Institute，ANSI）规定了一些常用的流程图符号（见图 3.1），它们已为世界各国程序工作者普遍采用。

图 3.1 常用的流程图符号

图 3.1 中菱形框的作用是对一个给定的条件进行判断，根据给定的条件是否成立决定如何执行其后的操作。连接点（小圆圈）用于将画在不同地方的流程线连接起来。用连接点可以避免流程线交叉或过长，使流程图清晰。注释框不是流程图中的必要部分，不反映流程和操作，只是为了对流程图中某些框的操作进行必要的补充说明，以帮助阅读流程图的人更好地理解流程图。

### 3.1.2 三种基本结构

1966 年，Bohra 和 Jacopini 提出了三种基本结构，用于表示一个良好算法的基本单元。

（1）顺序结构。如图 3.2 所示，虚线框内是一个顺序结构。其中，A 和 B 两个框是顺序执行的，即在执行完 A 框所指定的操作后，必然接着执行 B 框所指定的操作。顺序结构是最简单的一种基本结构。

（2）选择结构。选择结构又称为选取结构或分支结构。如图 3.3 所示，虚线框内是一个选择结构。此结构中必包含一个判断框，根据给定的条件 P 是否成立而决定执行 A 框还是 B 框。例如，条件 P 可以是 x>0、x>y、a+b<c+d 等。

**注意**

无论条件 P 是否成立，都只能执行 A 框或 B 框之一，不可能既执行 A 框又执行 B 框。无论走哪一条路径，在执行完 A 或 B 之后，都经过 b 点，然后脱离本选择结构。A 或 B 两个框中可以有一个是空的，即不执行任何操作，如图 3.4 所示。

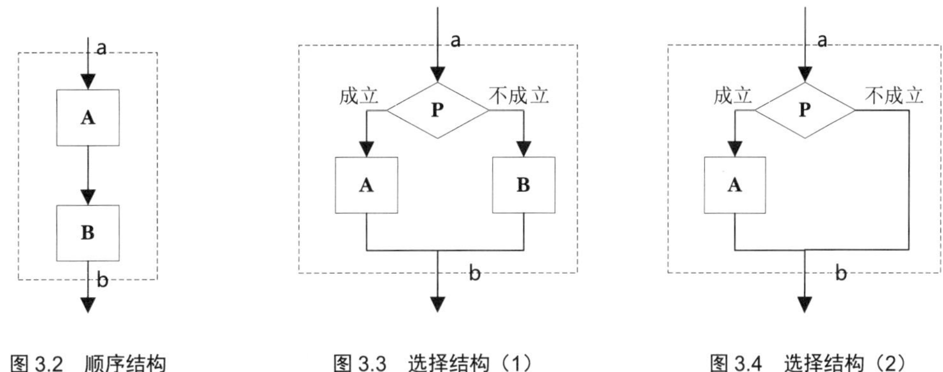


图 3.2　顺序结构　　图 3.3　选择结构（1）　　图 3.4　选择结构（2）

（3）循环结构。循环结构又称为重复结构，即反复执行某一部分的操作。有两类循环结构：

- **当型（while 型）循环结构**　当型循环结构如图 3.5 所示。它的作用是：当给定的条件 P 成立时，执行 A 框，执行完 A 框后，再判断条件 P 是否成立，如果仍然成立，再执行 A 框，如此反复执行 A 框，直到某一次 P 条件不成立为止，此时不执行 A 框，而从 b 点脱离循环结构。
- **直到型（until 型）循环结构**　直到型循环结构如图 3.6 所示。它的作用是：先执行 A 框，然后判断给定的条件 P 是否成立，如果条件 P 不成立，则再执行 A，然后再对条件 P 进行判断，如果条件 P 仍然不成立，再执行 A 框，如此反复执行 A 框，直到给定的条件 P 成立为止，此时不再执行 A 框，而从 b 点脱离本循环结构。

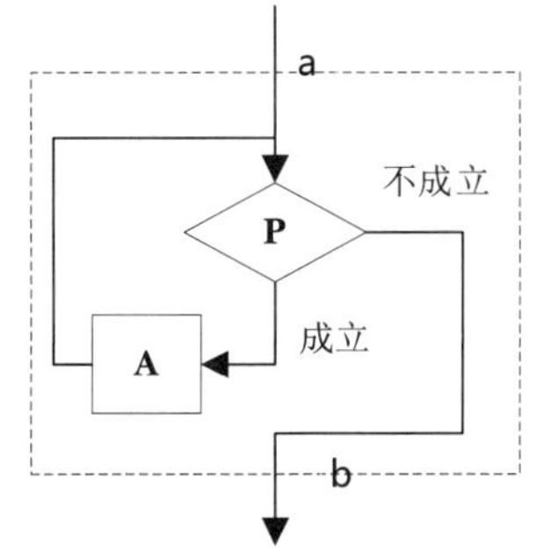


图 3.5　当型（while 型）循环结构

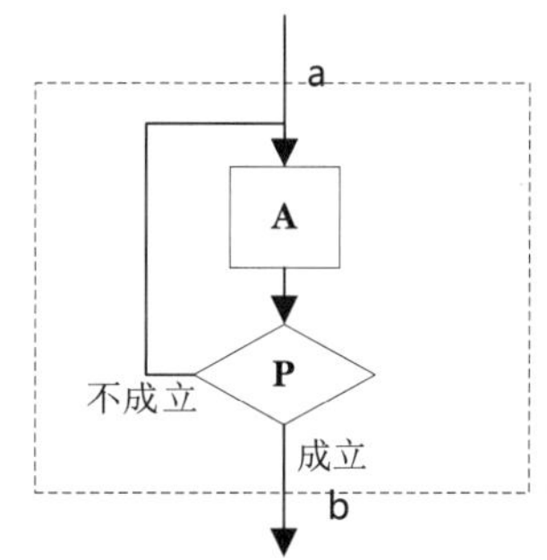


图 3.6　直到型（until 型）循环结构

以上三种基本结构有以下共同特点：

（1）只有一个入口。图 3.2~图 3.6 中的 a 点为入口点。

（2）只有一个出口。图 3.2~图 3.6 中的 b 点为出口点。请注意，一个判断框有两个出口，而一个选择结构只有一个出口，不要将判断框的出口和选择结构的出口混淆。

（3）结构内的每一部分都有机会被执行。也就是说，对每一个框来说，都应当有一条从入口到出口的路径通过它。图 3.7 中没有一条从入口到出口的路径通过 A 框。

（4）结构内不存在“死循环”（无终止的循环）。图 3.8 是一个死循环。

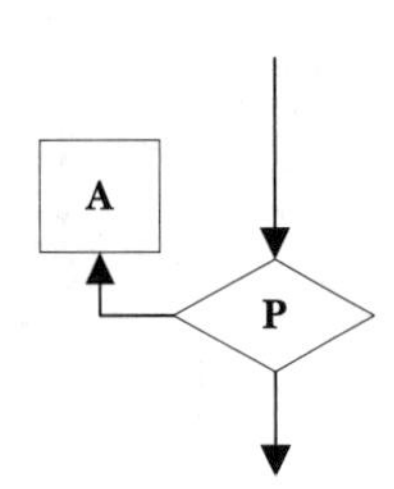


图 3.7　无出口的路径

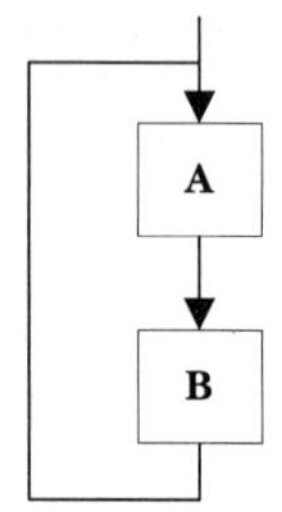


图 3.8　死循环

由以上三种基本结构顺序组成的算法结构可以解决任何复杂问题。由基本结构所构成的算法属于“结构化”的算法，它不存在无规律的转向，只在本基本结构内才允许存在分支和向前或向后的跳转。

其实，基本结构并不一定只限于上面三种，只要具有上述 4 个特点便都可以作为基本结构。人们可以自己定义基本结构，并由这些基本结构组成结构化程序。

选择结构使用的语句叫作选择语句，循环结构使用的语句叫作循环语句。

## 3.2　选择语句

在实际生活中经常需要做出一些判断。比如，开车来到一个十字路口时，需要对红绿灯进行判断，如果前面是红灯，就停车等候；如果是绿灯，就通行。Java 中有一种特殊的语句，叫作选择语句，它也需要对一些条件做出判断，从而决定执行哪一段代码。选择语句分为 if 语句和 switch 语句。接下来针对选择语句进行详细讲解。

### 3.2.1　if语句

#### 3.2.1.1　简单 if 语句

**1．为什么需要if语句**

前面提到，在生活中我们经常需要先做判断，然后才能够决定是否做某件事情。现在就用 Java 程序解决下面的问题。

**问题**：如果张三的 Java 考试成绩大于 98 分，那么张三就能获得一个电子词典作为奖励。

**分析**：现在已经知道如何编写“HelloWorld”程序，但是有时需要先判断一下条件，条件满足则输出，条件不满足则不输出。这个问题就需要先判断张三的 Java 成绩，他的 Java 成绩大于 98 分时，才有奖励。这种“需要先判断条件，条件满足后才能执行”的程序，需要用 if 语句来实现。

### 2. 什么是if语句

if 语句是指如果满足某种条件就进行某种处理的语句。例如，小明妈妈对小明说：“如果你考试得了 100 分，星期天就带你去游乐场玩。”这句话可以通过下面的一段伪代码来描述：

```
如果小明考试得了 100 分
妈妈星期天带小明去游乐场
```

在上面的伪代码中，“如果”相当于 Java 中的关键字 if，“小明考试得了 100 分”是判断条件，需要用()括起来，“妈妈星期天带小明去游乐场”是执行语句，需要放在{}中。修改后的伪代码如下：

```
if(小明考试得了 100 分){
    妈妈星期天带小明去游乐场
}
```

上面的例子就描述了 if 语句的用法。在 Java 中，最简单的 if 语句由单个条件组成。下面看一下基本 if 语句的语法。

**语法**

```
if (条件){
    代码块        //条件成立后要执行的代码，可以是一条语句，也可以是一组语句
}
```

图 3.9 所示的是代码的图形化表示，称为流程图。结合图 3.9 来看，if 语句的含义和执行过程就一目了然了。图 3.9 中带箭头的线条表示的是流程线，也就是程序执行的过程。首先，对条件进行判断，如果结果是真，则执行代码块；否则，执行代码块后面的部分。

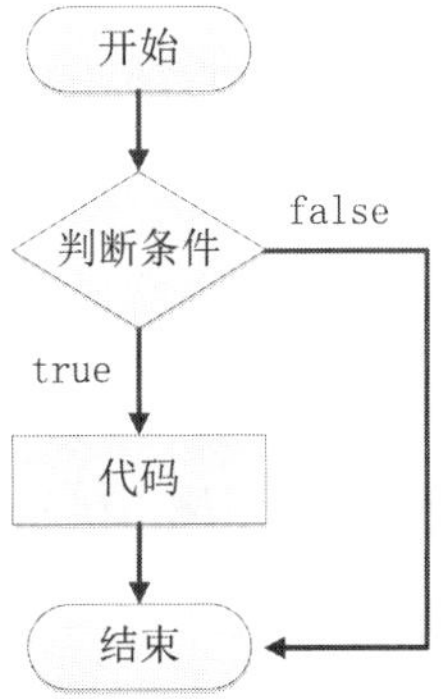


图 3.9　if 语句的流程图

因此，关键字 if 后圆括号里的条件是一个表达式，而且表达式的值必须为 true 或 false。程序执行时，先判断条件。当结果为 true 时，程序先执行花括号里的代码块，再执行 if 语句后面的代码。当结果为 false 时，不执行花括号里的代码块，而直接执行 if 语句后面的代码。

下面来看看如下的程序如何执行：

```
public class Demo {
    public static void main(String[ ] args) {
        //语句 1;
        //语句 2;
        if (条件) {
            //语句 3;
        }
        //语句 4
    }
}
```

回想一下第 1 章和第 2 章所编写的程序：main()是程序的入口，main()中的语句逐条顺序执行，所有的语句都执行完毕后，程序结束。因此，程序开始执行后，首先执行语句 1 和语句 2，然后对条件进行判断。如果条件成立，则执行语句 3，然后跳出 if 结构块执行语句 4；如果不成立，则不执行语句 3，直接执行语句 4。

例如，判断成绩等级，如果高于 90 分，则输出 Excellent，代码如下：

```
int score = 99;
if(score>90){
    System.out.println("Excellent!");
}
```

上述代码中，判断条件是一个逻辑值，当其为 true 时，{}中的语句才会被执行。

提示

当 if 关键字后的一对花括号里只有一个语句时，可以省略花括号。但是，为了避免有多个语句时遗忘花括号，以及保持程序整体风格一致，建议不要省略 if 结构块的花括号。

### 3. 如何使用if语句

#### （1）使用基本 if 语句

使用基本 if 语句解决前面的问题，代码如示例 1 所示。

**【示例 1】 基本 if 语句**

```
import java.util.Scanner;
public class Demo01{
```

```
    public static void main(String[] args) {
        Scanner input = new Scanner(System.in);
        System.out.print("输入张三的 Java 成绩: "); //提示要输入 Java 成绩
        int score =  input.nextInt();       //从控制台获取 Java 成绩
        if ( score > 98 ) {                  //判断是否大于 98 分
             System.out.println("老师说:不错，奖励一个电子词典! ");
        }
    }
}
```

输入张三的成绩后，判断是否大于 98 分。若大于 98 分，则输出“老师说：不错，奖励一个电子词典!”，如下所示：

```
输入张三的 Java 成绩: 100
老师说:不错，奖励一个电子词典!
```

否则，不会输出这句话。通过这个简单的例子，可体会 if 语句先判断后执行的特点。

**（2）使用复杂条件下的 if 语句**

**问题**：如果张三的 Java 成绩大于 90 分，而且 HTML 成绩大于 80 分，则老师奖励他；如果其 Java 成绩等于 100 分，HTML 成绩大于 70 分，老师也奖励他。

**分析**：这个问题需要判断的条件比较多，因此需要将多个条件连接起来。Java 中可以使用逻辑运算符连接多个条件。

现在考虑一下怎么连接问题中的条件。首先提取问题中的条件：

```
张三 Java 成绩>90 分 并且 张三 HTML 成绩>80 分
```

或

```
张三 Java 成绩==100 分 并且 张三 HTML 成绩>70 分
```

提取出条件后，是否可以像下面这样编写代码呢？

第一种写法：

```
score1> 90 && score2 >80 || score1 == 100 && score2 > 70
```

第二种写法：

```
(score1> 90 && score2 >80) || (score1 == 100 && score2 > 70)
```

其中，score1 表示张三的 Java 成绩，score2 表示张三的 HTML 成绩。

显然，第二种写法更清晰地描述了上述问题的条件。当运算符比较多、无法确定运算符的执行顺序时，可以使用圆括号控制。上述问题的完整代码如示例 2 所示。

**【示例 2】 复杂条件下的 if 语句**

```
public class Demo02{
    public static void main(String[] args) {
        int score1 = 100; // 张三的 Java 成绩
        int score2 = 72; // 张三的 HTML 成绩
        if ((score1 >90&& score2 > 80 )|| ( score1 == 100 && score2 > 70)){
            System.out.println("老师说:不错，奖励一个电子词典！");
        }
    }
}
```

**（3）使用 if…else 语句**

**问题**：如果张三的 Java 成绩高于 98 分，那么老师奖励他一个电子词典，否则老师罚他编码。

**分析**：与上面的 if 语句不同的是，除了条件成立时要执行操作，条件不成立时也要执行操作。

当然，这个问题可以用两个 if 来实现，如示例 3 所示。

**【示例 3】 使用两个 if 语句**

```
public class Demo03{
    public static void main(String[] args) {
        int score = 91;     //张三的 Java 成绩
        if ( score > 98 ) {
            System.out.println("老师说:不错，奖励一个电子词典！");
        }
        if ( score <= 98 ) {
            System.out.println("老师说:惩罚进行编码！");
        }
    }
}
```

使用两个 if 语句看起来比较冗长，实际上有一种语句可以更好地解决这个问题，就是 if…else 语句，表示“如果××，就××；否则，就××”。这看起来很像小学时候的造句。使用 Java 程序语言编写程序的过程就是造句的过程，只不过不是用汉语造句，而是用 Java 语言造句。

if…else 语句的含义是：如果满足某种条件，就进行某种处理；否则，就进行另一种处理。例如，要判断一个正整数的奇偶性，如果该数字能被 2 整除，则是一个偶数；否则，该数字就是一个奇数。当条件成立与否都需要有对应的处理时，可以使用 if…else 语句。if…else 语句的语法如下：

**语法**

```
if (条件){
    //代码块 1
}else {
    //代码块 2
}
```

流程图如图 3.10 所示。如果条件成立，则执行紧跟 if 的代码部分；否则，执行跟在 else 后面的代码部分。这些代码均可以是单行语句，也可以是代码块。

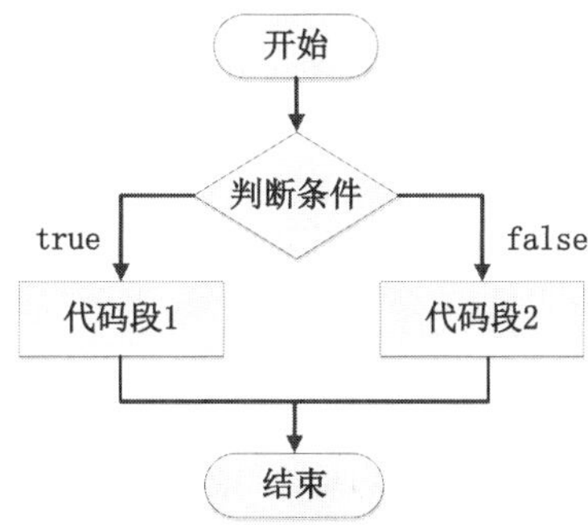


图 3.10　if…else 语句的流程图

例如，同样是判断成绩等级，如果大于等于 60 分，则弹出提示框提示“考试通过！”；否则，提示“不及格！”。代码如下：

```
int score = 99;
if(score>=60){
    System.out.println("考试通过!");
}else{
    System.out.println("不及格!");
}
```

上述代码中，判断条件是一个逻辑值。当判断条件为 true 时，if 后面{}中的代码段 1 会被执行；当判断条件为 false 时，else 后面{}中的代码段 2 会被执行。结合流程图，使用 if…else 语句进行编程，改写示例 3，如示例 4 所示。

**【示例 4】　if…else 语句**

```
public class Demo04{
    public static void main(String[] args) {
        int score = 91;     //张三的 Java 成绩
        if ( score > 98 ) {
            System.out.println("老师说:不错，奖励一个电子词典! ");
        }else{
```

```
            System.out.println("老师说:惩罚进行编码! ");
        }
    }
}
```

程序运行结果如下：

```
老师说：惩罚进行编码
```

到此为止，需要掌握的 if 语句如下：基本 if 语句，只有一个 if 块；if…else 语句，有 if 块和 else 块。

### 3.2.1.2 多重 if 语句

#### 1. 为什么需要多重if语句

**问题**：对学生的考试成绩进行等级划分，如果分数大于 80 分，等级为优；如果分数大于 70 分小于 80 分，等级为良；如果分数大于 60 分小于 70 分，等级为中；否则，等级为差。

分析完这个问题后，我们可以确定，使用单个 if 语句无法完成；可以使用多个 if 语句来实现，但是条件写起来很麻烦。Java 中还有一种 if 语句形式：多重 if 语句。多重 if 语句在需要判断的条件是连续的区间时有很大的优势。

#### 2. 什么是多重if语句

多重 if 语句不是多个基本 if 语句简单地排列在一起，它的语法具体如下。

**语法**

```
if(条件 1) {
    条件 1 为真（true）时执行的代码（代码段 1）
}else if(条件 2){
    条件 2 为真（true）时执行的代码（代码段 2）
...
} else{
    所有条件都为假（false）时执行的代码（代码段 n+1）
}
```

多重 if 语句到底如何执行呢？如图 3.11 所示，首先，程序判断条件 1，如果成立，则执行代码段 1，然后直接跳出这个多重 if 语句，执行它后面的代码。这种情况下，代码段 2 和代码段 3 都不会被执行。如果条件 1 不成立，则判断条件 2。如果条件 2 成立，则执行代码段 2，然后跳出这个多重 if 语句，执行它后面的代码。这种情况下，代码段 1 和代码段 3 都不会被执行。如果条件 2 也不成立，则代码段 1 和代码段 2 都不被执行，直接执行代码段 3。

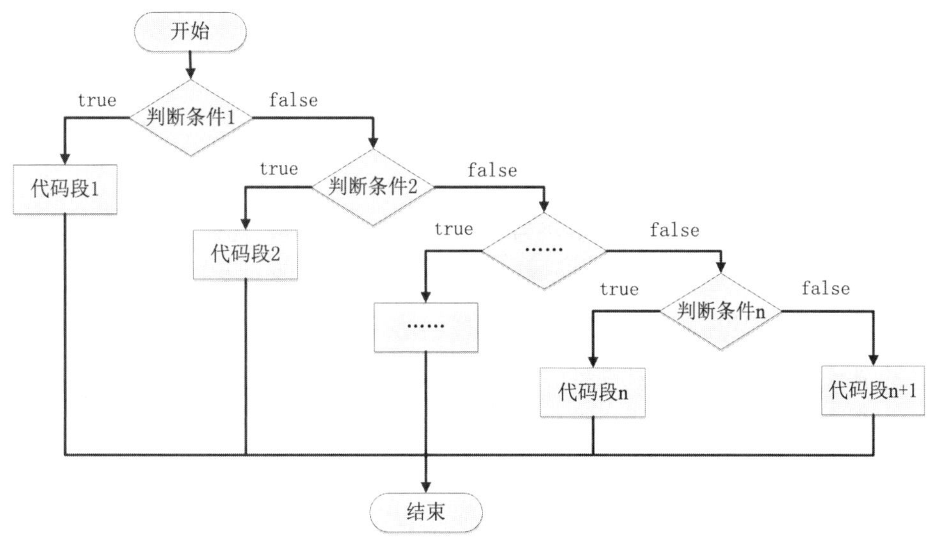


图 3.11　多重 if 语句的流程图

其中，else if 块可以有一个、多个或没有，需要几个 else if 块完全取决于需要。

注意

else 块最多有一个（可以没有），且必须放在 else if 块之后。

### 3. 如何使用多重if语句

我们知道了多重 if 语句的语法结构，那么如何使用多重 if 语句解决问题呢？接下来通过一个案例来实现对学生考试成绩进行等级划分的功能，如示例 5 所示。

**【示例 5】　多重 if 语句的使用**

```
public class Demo05{
    public static void main(String[] args) {
        int grade = 75; // 定义学生成绩
        if (grade > 80) {
            // 满足条件 grade > 80
            System.out.println("该成绩的等级为优");
        } else if (grade > 70) {
            // 不满足条件 grade > 80 ，但满足条件 grade > 70
            System.out.println("该成绩的等级为良");
        } else if (grade > 60) {
            // 不满足条件 grade > 70 ，但满足条件 grade > 60
            System.out.println("该成绩的等级为中");
        } else {
            // 不满足条件 grade > 60
            System.out.println("该成绩的等级为差");
        }
    }
}
```

运行结果如下：

```
该成绩的等级为良
```

示例中定义学生成绩 grade 为 75。它不满足第一个判断条件 grade>80，满足第 2 个判断条件 grade>70，因此会打印“该成绩的等级为良”。观察这段代码，结合 else if 块的执行顺序可以看出，else if 块的顺序是连续的，而不是跳跃的。因为第 1 个条件之后的所有条件都是在第 1 个条件不成立的情况下才出现的，而第 2 个条件之后的所有条件是在第 1 个条件、第 2 个条件都不成立的情况下才出现的，以此类推。可见，如果条件之间存在连续关系，则 else if 块的顺序不是随意排列的，要么从大到小，要么从小到大，总之要有顺序地排列。

### 3.2.1.3 技能训练 1

#### 上机练习 1 选取幸运会员

**需求说明**

商场采用新的抽奖规则：如果会员号的百位数字等于产生的随机数字，则该会员为幸运会员。要求：

- 从键盘上接收会员号。
- 使用 if…else 语句实现幸运抽奖。

**实现思路及关键代码**

（1）产生随机数。

（2）从控制台接收一个 4 位会员号。

（3）分解会员号的百位数。

（4）判断该会员是否是幸运会员。

提示

产生随机数（0~9 中的任意整数）的方法如下：

```
int random = (int) (Math. random () * 10);      //产生随机数
```

#### 上机练习 2 实现会员信息录入功能

**需求说明**

录入会员信息，包括会员号、会员生日、会员积分。

判断录入的会员号是否合法（必须为 4 位整数）。如果录入合法，则显示录入的信息，如下所示；如果不合法，则显示“信息录入失败”。

```
请输入会员号(<4 位整数>)：1234
请输入会员生日（月/日<用两位数表示>)：0101
请输入积分：50

已录入的会员信息是：
1234010150
```

### 实现思路及关键代码

- 使用 Scanner 获取用户的键盘输入，存储在变量 custNo、custBirth、custScore 中。
- 使用 if…else 语句。

```
if (会员号有效的条件) {
    //输出录入的会员信息
}else {
    //输出“信息录入失败”
}
```

## 上机练习 3　判断 4 位回文数

### 需求说明

所谓回文数，就是各位数字从高位到低位正序排列和从低位到高位逆序排列都是同一数值的数。例如，数字 1221 按正序和逆序排列都为 1221，因此 1221 就是回文数；而 1234 按逆序排列是 4321，4321 与 1234 不是同一个数，因此 1234 就不是回文数。

编写程序，判断输入的 4 位整数是否是回文数。

## 上机练习 4　奖金发放

### 需求说明

某企业发放的奖金是根据利润和提成计算的，其规则如表 3.1 所示。

表 3.1　奖金发放规则

| 利润/万元 | 奖金提成/% | 利润/万元 | 奖金提成/% |
|---|---|---|---|
| I≤10 | 10 | 30< I≤40 | 3 |
| 10< I≤20 | 7.5 | 40< I≤60 | 1.5 |
| 20< I≤30 | 5 | 60< I≤100 | 1 |

编写程序，实现快速计算员工应得奖金的功能。

## 上机练习 5 根据身高、体重计算 BMI 值

**需求说明**

BMI 又称为身体质量指数，它是国际上常用的衡量人体胖瘦程度以及是否健康的标准。我国制定的 BMI 分类标准如表 3.2 所示。

表 3.2 BMI 分类标准

| BMI | <18.5 | 18.5 <= BMI<= 23.9 | 24<=BMI<=27 | 28<= BMI<= 32 | >32 |
|---|---|---|---|---|---|
| 分类 | 过轻 | 正常 | 过重 | 肥胖 | 非常肥胖 |

BMI 计算公式如下：

BMI（身体质量指数）= 体重（kg）÷身高$^2$（$m^2$）

编写程序，根据用户输入的身高和体重计算 BMI 值，并找到对应的分类。

### 3.2.1.4 嵌套 if 语句

#### 1. 为什么需要使用嵌套if语句

**问题**：学校举行运动会，百米赛跑成绩在 10 秒以内的学生有资格进入决赛，根据性别分为男子组和女子组。

**分析**：首先，要判断是否能够进入决赛，在确定进入决赛的情况下，再判断是进入男子组还是进入女子组。这就需要使用嵌套 if 语句来解决。

嵌套 if 语句就是在 if 语句里面再嵌入 if 语句，它的流程图如图 3.12 所示。

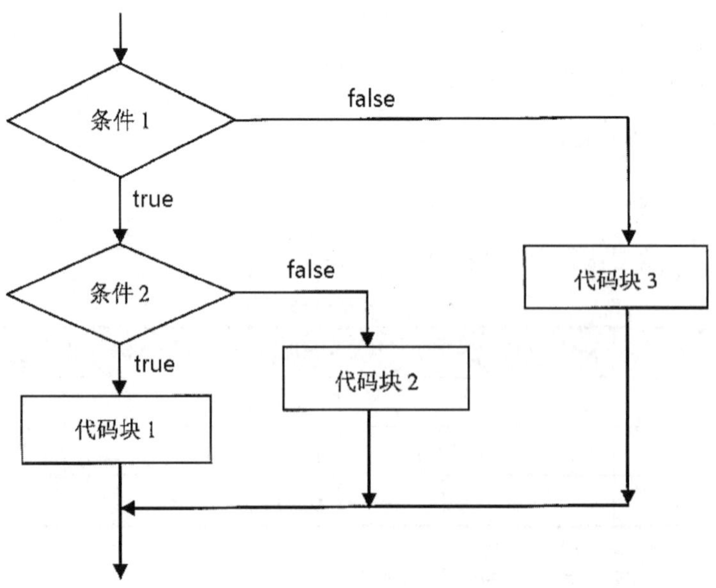


图 3.12 嵌套 if 语句的流程图

### 2. 什么是嵌套if语句

嵌套 if 语句指的是 if 语句内部包含 if 语句，其格式如下：

```
if (条件表达式 1){
    if (条件表达式 2){
        代码块 1
    }else{
        代码块 2
    }
} else{
    代码块 3
}
```

上述嵌套 if 语句的格式中，先判断外层 if 语句中的条件表达式 1 的结果，如果结果为 false，则执行代码块 3；如果结果为 true，则接着判断内层 if 语句中的条件表达式 2 的结果是否为 true，如果条件表达式 2 的结果为 true，则执行代码块 1，否则执行代码块 2。

针对 if 嵌套语句，有两点需要说明：

（1）if 语句可以多层嵌套，而不限于两层。

（2）外层和内层的 if 判断都可以使用 if 语句、if…else 语句等。

### 3. 如何使用嵌套if语句

现在我们就来使用嵌套 if 语句解决问题，代码如示例 6 所示。

【示例 6】　嵌套 if 选择结构

```
import java.util.*;
    public class Demo06{
        public static void main(String[] args) {
        Scanner input = new Scanner(System.in);
        System.out.print("请输入比赛成绩（s）：");
        double score = input.nextDouble();
        System.out.print("请输入性别：");
        String gender = input.next();
        if(score<=10){
            if(gender.equals("男")){
                System.out.println("进入男子组决赛！");
            }else if(gender.equals("女")){
                System.out.println("进入女子组决赛！");
            }
        }else{
            System.out.println("淘汰！");
        }
    }
}
```

根据年份和月份计算当月一共有多少天，代码如示例 7 如下。

【示例 7】 根据年份和月份计算当月一共有多少天

```
import java.util.Scanner;

public class Demo07 {
    public static void main(String[] args) {
        Scanner input = new Scanner(System.in);
        System.out.println("请输入年份: ");
        int year = input.nextInt();
        System.out.println("请输入月份: ");
        int month = input.nextInt();
        if (month == 1 || month == 3 || month == 5 || month == 7 ||
month == 8 || month == 10 || month == 12) {
            System.out.println(year + "年 " + month + "月有 31 天");
        } else if (month == 4 || month == 6 || month == 9 || month == 11) {
            System.out.println(year + "年 " + month + "月有 30 天");
        } else if (month == 2) {
            if (year % 400 == 0 || (year % 100 != 0 && year % 4 == 0)) {
                System.out.println(year + "年 " + month + "月有 29 天");
            } else {
                System.out.println(year + "年 " + month + "月有 28 天");
            }
        } else {
            System.out.println("月份输入非法! ");
        }
    }
}
```

上述代码中首先定义了表示年份和月份的变量 year 和 month，分别用于接收用户输入的年份和月份，然后对月份进行判断：若月份为 1，3，5，7，8，10，12，输出“×年×月有 31 天”；若月份为 4，6，9，11，输出“×年×月有 30 天”；若月份为 2 月，则需要对年份进行判断，年份为闰年时输出“×年×月有 29 天”，年份为平年时输出“×年×月有 28 天”。

注意

- 只有当满足外层 if 语句的条件时，才会判断内层 if 语句的条件。
- else 总是与它前面最近的那个缺少 else 的 if 配对。
- if 结构书写规范如下：
    - ◎ 为了使 if 结构更加清晰，应该把每个 if 或 else 包含的代码块用花括号括起来。
    - ◎ 相匹配的一对 if 和 else 应该左对齐。
    - ◎ 内层的 if 结构相对于外层的 if 结构要有一定的缩进。

提示

当面对一个问题无从下手时，画出流程图往往可以帮助理清解决问题的思路。

### 3.2.1.5　技能训练 2

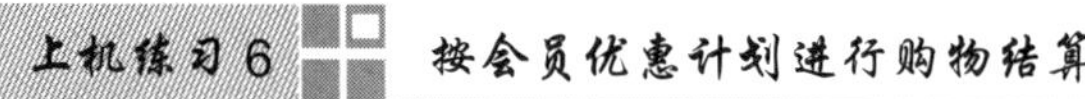

#### 上机练习 6　按会员优惠计划进行购物结算

**需求说明**

商场购物可以打折，具体办法如下：普通顾客购物满 100 元打 9 折，会员购物打 8 折，会员购物满 200 元打 7.5 折，请根据此优惠计划进行购物结算。

程序运行结果如图 3.13 所示。

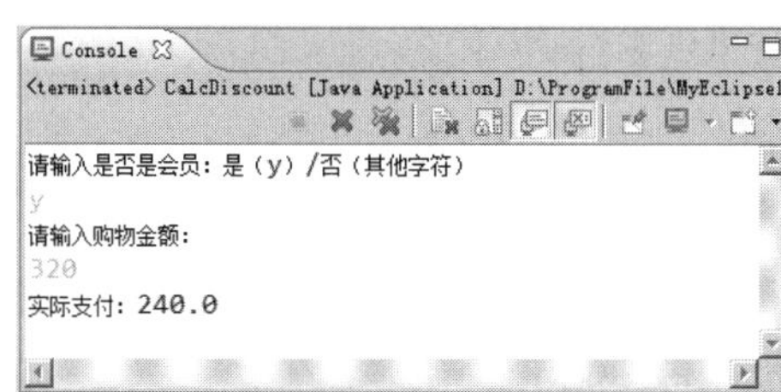


图 3.13　运行结果

**实现思路及关键代码**

（1）使用嵌套 if 语句实现。

（2）先判断顾客是否是会员，在 if 语句内判断顾客购物金额是否达到相应的折扣要求，根据判断结果做不同的处理。

#### 上机练习 7　计算会员折扣

**需求说明**

会员购物时，根据积分的不同享受不同的折扣，如表 3.3 所示。从键盘上输入会员积分，计算该会员购物时获得的折扣。

表 3.3　会员折扣表

| 会员积分 x | 折扣 |
| --- | --- |
| x<2000 | 9 折 |
| 2000≤x<4000 | 8 折 |
| 4000≤x<8000 | 7 折 |
| x ≥ 8000 | 6 折 |

程序运行结果如下所示：

```
请输入会员积分： 3420
该会员享受的折扣是:0.8
```

**上机练习 8　模拟乘客进站流程**

**需求说明**

火车和地铁的出现极大地方便了人们的出行，但为了防止不法分子，保障民众安全，进站乘坐火车或者乘坐地铁之前，需要先接受安检。部分车站先验票后安检，亦有车站先安检后验票。以先验票后安检的车站为例，乘客的进站流程如下。

（1）验票：检查乘客是否购买了车票。

- 如果没有车票，不允许进站。
- 如果有车票，对行李进行安检。

（2）行李安检：检查刀具的长度是否超过 10 厘米。

- 如果超过 10 厘米，提示刀的长度不允许上车。
- 如果不超过 10 厘米，顺利进站。

编写程序，模拟乘客进站流程。

**上机练习 9　快递计费系统**

**需求说明**

快递行业的高速发展，使人们邮寄物品变得方便、快捷。某快递点提供华东地区、华南地区、华北地区的寄件服务，其中华东地区编号为 01、华南地区编号为 02、华北地区编号为 03。该快递点寄件价目表具体如表 3.4 所示。

表 3.4　寄件价目表

| 地区编号 | 首重/元（≤2kg） | 续重/（元/kg） |
|---|---|---|
| 华东地区（01） | 13 | 3 |
| 华南地区（02） | 12 | 2 |
| 华北地区（03） | 14 | 4 |

根据表 3.4 提供的数据编写程序，实现快递计费系统。

## 3.2.2 switch语句

### 3.2.2.1 为什么需要 switch 语句

switch 语句也是一种很常用的选择语句，和 if 语句不同，它只能针对某个表达式的值做出判断，从而决定程序执行哪一段代码。例如，在程序中使用数字 1~7 来表示星期一到星期天，如果想根据某个输入的数字来输出对应中文格式的星期值，可以通过下面的一段伪代码来描述：

```
用于表示星期的数字
如果等于 1,则输出星期一
如果等于 2,则输出星期二
如果等于 3,则输出星期三
如果等于 4,则输出星期四
如果等于 5,则输出星期五
如果等于 6,则输出星期六
如果等于 7,则输出星期天
```

对于上面一段伪代码的描述，大家可能会立刻想到用刚学过的 if 语句来实现，但是由于判断条件比较多，实现起来代码过长，不便于阅读。

#### 3.2.2.2 什么是 switch 语句

Java 中提供了一种 switch 语句来实现这种需求。在 switch 语句中，使用 switch 关键字来描述一个表达式，使用 case 关键字来描述和表达式结果比较的目标值，当表达式的值和某个目标值匹配时，会执行对应 case 下的语句。具体实现代码如下：

```
switch (用于表示星期的数字) {
    case 1 :
        输出星期一;
        break;
    case 2 :
        输出星期二;
        break;
    case 3 :
        输出星期三;
        break;
    case 4 :
        输出星期四;
        break;
    case 5 :
        输出星期五;
        break;
    case 6
        输出星期六;
        break;
    case 7:
        输出星期天;
        break;
}
```

当需要对同一个变量进行多次条件判断时，也可以使用 switch 语句代替多重 if 语句。switch 语句的基本语法格式如下。

**语法**

```
switch(变量){
    case 值 1:
        执行代码段 1
        break;
    case 值 2:
        执行代码段 2
        break;
    ……
    case 值 n-1:
        执行代码段 n-1
        break;
    [default:
        以上条件均不符合时，执行代码段 n]
}
```

在上面的格式中，switch 语句将表达式的值与每个 case 中的目标值进行匹配，如果找到了匹配的值，则执行对应 case 后的语句；如果没找到任何匹配的值，则执行 default 后的语句。

switch 语句用到了 4 个关键字，下面将一一介绍。

- switch　表示“开关”，这个“开关”就是 switch 关键字后面圆括号里表达式的值。在 JDK 7 之后，switch 语句的圆括号里可以是 int、short、byte、char、枚举、String 类型的表达式。
- case　表示“情况、情形”，case 后必须是一个常量，数据类型与 switch 后面表达式的值相同，通常是一个固定的值。case 块可以有多个，顺序可以改变，但是每个 case 后常量的值必须各不相同。注意，常量值的类型应与 switch 后面圆括号中表达式的值类型一致。
- default　表示“默认”，即其他情况都不满足时的处理。default 后要紧跟冒号。default 块和 case 块的先后顺序可以变动，不会影响程序执行的结果。通常，default 块放在末尾，也可以省略。
- break　表示“停止”，即跳出当前结构。

知道了 switch 语句的语法，那么它的执行过程是怎样的呢？具体如下所述。

先计算并获得 switch 后面圆括号里的表达式或变量的值，然后将计算结果顺序与每个 case 后的常量比较，当二者相等时，执行这个 case 块中的代码；当遇到 break 时，就跳出 switch 语句，执行 switch 语句之后的代码。如果没有任何一个 case 后的常量与 switch 后的圆括号中的值相等，则执行 switch 末尾部分的 default 块中的代码。

说明

switch 语句中的 break 关键字将在后面的小节中做具体介绍，此处，初学者只需要知道 break 的作用是跳出 switch 语句即可。

需要注意的是，在 JDK 5 之前，switch 语句中的表达式只能是 byte，short，char，int 类型的值，如果传入其他类型的值，程序会报错。JDK 5 引入了新特性：枚举（enum）可以作为 switch 语句表达式的值；JDK 7 中也引入了新特性：switch 语句可以接收一个 String 类型的值。关于这两个新特性，此处不进行详细讲解，感兴趣的同学可以通过查阅官方资料进行自学。

### 3.2.2.3　如何使用 switch 语句

接下来通过一个案例来演示如何使用 switch 语句根据给出的数值来输出对应中文格式的星期。

【示例 8】　switch 语句的使用（1）

```
public class Demo08 {
    public static void main(String[] args) {
        int week = 5;
        switch (week) {
        case 1:
            System.out.println("星期一");
            break;
        case 2:
            System.out.println("星期二");
            break;
        case 3:
            System.out.println("星期三");
            break;
        case 4:
            System.out.println("星期四");
            break;
        case 5:
            System.out.println("星期五");
            break;
        case 6:
            System.out.println("星期六");
            break;
        case 7:
            System.out.println("星期天");
```

```
            break;
        default:
            System.out.println("输入的数字不正确...");
            break;
        }
    }
}
```

运行结果如下：

```
星期五
```

由于变量 week 的值为 5，switch 语句判断的结果满足示例代码的条件，因此打印出“星期五”。示例中的 default 语句用于处理和前面的 case 都不匹配的值。将第 3 行代码替换为 int week=8，再次运行程序，输出结果如下：

```
输入的数字不正确...
```

在使用 switch 语句的过程中，如果多个 case 条件后面的执行语句是一样的，则该执行语句只需书写一次即可，这是一种简写的方式。例如，要判断一周中的某一天是否为工作日，同样使用数字 1~7 来表示星期一到星期天，当输入的数字为 1，2，3，4，5 时就视为工作日，否则就视为休息日。接下来通过一个案例来实现上面描述的这种情况。

**【示例 9】 switch 语句的使用（2）**

```
public class Demo09 {
    public static void main(String[] args) {
        int week = 2;
        switch (week) {
        case 1:
        case 2:
        case 3:
        case 4:
        case 5:
            // 当 week 满足值 1, 2, 3, 4, 5 中任意一个时，处理方式相同
            System.out.println("今天是工作日");
            break;
        case 6:
        case 7:
            // 当 week 满足值 6, 7 中任意一个时，处理方式相同
            System.out.println("今天是休息日");
            break;
        }
    }
}
```

运行结果如下：

```
今天是工作日
```

当变量 week 的值为 1，2，3，4，5 中的任意一个时，打印“今天是工作日”；当变量 week 的值为 6，7 中的任意一个时，打印“今天是休息日”。

注意

每个 case 后的代码块可以有多个语句，即可以有一组语句，而且不需要用“{}”括起来。case 和 default 后都有一个冒号，不能漏写，否则编译不会通过。对于每个 case 的结尾，都要想一想是否需要从这里跳出整个 switch 语句。如果需要，一定不要忘记写“break;”。在 case 后面的代码块中，break 语句是可以省略的；还可以让多个 case 执行同一语句。

至此，大家会发现多重 if 语句和 switch 语句很相似，它们都是用来处理多分支条件的语句，但是 switch 语句只能用于等值条件判断的情况。

### 3.2.2.4　技能训练

**上机练习 10　用 switch 语句判断任意年份是十二生肖中的哪一年**

**需求说明**

十二生肖，又叫属相，是中国与十二地支相配、表示人出生年份的十二种动物，包括鼠、牛、虎、兔、龙、蛇、马、羊、猴、鸡、狗、猪。

已知 1900 年为鼠年，试用 switch 语句判断 1900—2100 年之间的任意年份是十二生肖中的哪一年。

## 本章总结

- Java 中的 if 语句包括以下形式：
  - ◎ **基本 if 语句**　可以处理单一或组合条件的情况。
  - ◎ **if…else 语句**　可以处理简单的条件分支情况。
  - ◎ **多重 if 语句**　可以处理连续区间的条件分支情况。
  - ◎ **嵌套 if 语句**　可以处理复杂的条件分支情况。
- 在需要多重分支并且条件判断是等值判断的情况下，使用 switch 语句代替多重 if 语句会更简单，代码结构更清晰易读。
- 在使用 switch 语句时，不要忘记在每个 case 块的最后写上“break;”。
- 为了增加程序的健壮性，可以在程序中主动做出判断，并给出友好的提示。

➢ 在实际开发中遇到分支情况时，通常会综合运用 if 语句的各种形式及 switch 语句来解决。

## 本章作业

### 一、选择题

1．在流程图中，下面说法正确的是（　　）。

A．菱形表示计算步骤/处理符号

B．长方形表示程序开始或结束

C．圆角长方形表示判断和分支

D．平行四边形表示输入/输出指令

2．编译运行如下的 Java 代码，输出结果是（　　）。

```
int num = 5;
if (num <= 5) {
    num += 2;
    System.out.println(num);
}
System.out.println(num + 5);
```

A．10　　B．5 10　　C．7　12　　D．运行出错

3．下面这段代码的输出结果为（　　）。

```
int year = 2046;
if (!(year % 2 == 0)) {
    if (year / 10 == 0) {
        System.out.println("进入了 if");
    }
} else {
    System.out.println("进入了 else");
    System.out.println("退出");
}
```

A．进入了 if　　B．退出　　C．进入了 else 退出　　D．进入了 if 退出

4．Java 中关于 if 语句描述错误的是（　　）。

A．if 语句是根据条件判断之后再做处理的一种语句

B．关键字 if 后的圆括号里必须是一个条件表达式，表达式的值必须为逻辑型

C．if 后圆括号里表达式的值为 false 时，程序需要执行花括号里的语句

D．if语句可以和 else 一起使用

5．下列关于 if语句和 switch 语句的说法正确的是（　　）。（选择两项）

A．if…else 语句中的 else 语句是必须有的

B．多重 if语句中的 else 语句可选

C．嵌套 if语句中不能包含 else 语句

D．switch 语句中的 default 语句可选

## 二、简答题

说明什么情况下可以使用 switch 语句代替多重 if语句。

## 三、综合应用题

1．画出流程图并编程实现：如果用户名等于字符“张”，且密码等于数字“123”，则输出“欢迎你，张”；否则，输出“对不起，你不是张”。

提示

先声明两个变量，一个是 char 类型的，赋初值'张'，用来存放用户名；一个是 int 类型的，赋初值 123，用来存放密码。

2．画出流程图并编程实现：如果年龄满 7 岁，或者年龄满 5 岁并且性别是“男”，就可以搬动桌子。

提示

使用 if语句实现，判断条件是年龄大于等于 7，或年龄大于等于 5 且性别是男。

3．画出流程图并编程实现：从键盘上输入三个整数，分别赋给整型变量 a，b，c，然后将输入的整数按照从小到大的顺序放在变量 a，b，c 中，并输出三个变量的值。

提示

进行比较和交换值操作。首先让 a 与 b、a 与 c 进行比较，保证 a 是三个整数中最小的，然后让 b 与 c 进行比较，保证 b 是两个数中最小的。

4．画出流程图并编程实现：从键盘上输入一个整数，判断是否能被 3 或 5 整除。如果能，则输出“该整数是 3 或 5 的倍数。”否则，输出“该数不能被 3 或 5 中的任何一个数整除。”

提示

使用 if…else 语句，条件要使用逻辑运算符“||”。

5．编程实现迷你计算器功能，支持“+”“-”“×”“÷”，从控制台输入两个操作数，输出运算结果，如下所示：

```
请输入第一个操作数：60
请输入第二个操作数：15
请输入操作符号(1:+    2:-    3:×     4：÷)：4
60 ÷ 15 = 4.0

请输入第一个操作数：5
请输入第二个操作数：s
请输入正确的数字!
```

使用 if语句判断从键盘接收的操作数是否合法，如果不合法，则提示“请输入正确的数字！”

# 第 4 章 循环语句

## 本章目标

◎ 理解循环的含义

◎ 学会使用 while 循环语句

◎ 学会使用 do…while 循环语句

◎ 学会使用 for 循环语句

◎ 学会在程序中使用 break 和 continue

## 本章简介

前面学习了选择语句，使用它可以解决逻辑判断的问题。但在实际生活中经常会遇到需要多次重复执行的操作，仅仅使用选择语句不容易解决。本章将学习循环语句，利用循环语句，可以让程序帮助我们完成繁重的计算任务，同时可以简化程序编码。利用 while，do…while 和 for 循环语句把一些需要重复执行的代码采用循环结构进行描述，可大大简化编码工作，使得代码更加简洁、易读。相信通过使用循环语句编程，大家一定会体会到它的魅力。

## 技术内容

在实际生活中经常会将同一件事情重复做很多次。比如，在做眼保健操的第 4 节“轮刮眼眶”时，会重复刮眼眶的动作；打乒乓球时，会重复挥拍的动作；等等。在 Java 中，有一种特殊的语句叫作循环语句，它可以实现将一段代码重复执行，例如循环打印 100 个学生的考试成绩。在 Java 中有 3 种类型的循环语句：

- **while 循环语句**　当条件为 true 时，循环执行代码块。
- **do…while 循环语句**　与 while 循环语句类似，只是先执行代码块再检测条件是否为 true。
- **for 循环语句**　在指定的次数中循环执行代码块。

接下来针对这 3 种循环语句分别进行详细的讲解。

## 4.1　while循环语句

### 4.1.1　什么是while循环语句

while 循环语句和上一节讲到的条件判断语句有些相似，都是根据条件判断来决定是否执行花括号内的语句。区别在于，while 语句会反复地进行条件判断，只要条件成立，就会执行{}内的语句，直到条件不成立，while 循环结束。while 循环语句的语法结构如下。

**语法**

```
while (循环条件) {
    执行语句
}
```

在上面的语法结构中，关键字 while 后圆括号中的内容是循环条件。循环条件是一个表达式，它的值为逻辑型，即 true 或 false，如 i<=100。{}中的语句统称为循环操作，又称为循环体，循环体是否执行取决于循环条件是否成立。以上格式中，首先判断条件表达式的结果是否为 true，如果条件表达式的结果为 true，则执行 while 循环中的代码块；然后再次判断条件表达式的结果是否为 true，如果条件表达式的结果为 true，则再次执行 while 循环中的代码块；每次执行完代码块都需要重新判断条件表达式的结果，直到条件表达式的结果为 false 时结束循环，不再执行 while 循环中的代码块。while 循环语句的流程图如图 4.1 所示。

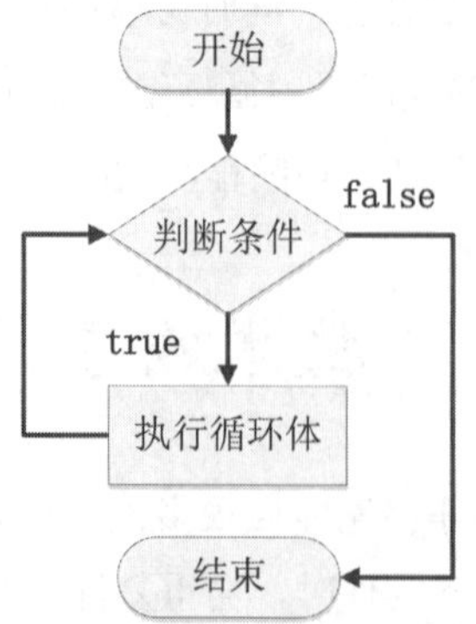


图 4.1　while 循环语句的流程图

while 循环语句的执行顺序一般如下：

（1）声明并初始化循环变量。

（2）判断循环条件是否成立，如果成立，则执行循环操作；否则，退出循环。

（3）执行完循环操作后，再次判断循环条件，决定继续执行循环还是退出循环。

结合流程图思考：如果第一次判断循环条件就不成立，循环操作会不会被执行？

实际上，如果第一次判断循环条件就不成立，则会直接跳出循环，循环操作一遍都不会执行。这是 while 循环语句的一个特点：**先判断，后执行**。

## 4.1.2　如何使用while循环语句

实现打印 1~5 的自然数，如示例 1 所示。

【示例 1】　while 循环

```
public class Demo01 {
    public static void main(String[] args) {
        int x = 1; // 定义变量 x，初始值为 1
        while (x <= 5) { // 循环条件
            System.out.println("x = " + x); // 条件成立，打印 x 的值
            x++; // x 进行自增
        }
    }
}
```

运行结果如下：

```
x=1
x=2
x=3
x=4
x=5
```

示例 1 中，x 初始值为 1，在满足循环条件 x<=5 的情况下，循环体会重复执行，打印 x 的值并让 x 进行自增。因此，打印结果中 x 的值分别为 1，2，3，4，5。值得注意的是，示例中的第 6 行代码用于在每次循环时改变变量 x 的值，从而达到最终改变循环条件的目的。如果没有这行代码，整个循环会进入无限循环的状态，永远不会结束。

接下来通过一个案例来使用 while 循环计算 10!（10 的阶乘），示例代码如下。

【示例 2】　使用 while 循环计算 10!（10 的阶乘）

```
public class Demo02 {
    public static void main(String[] args) {
```

```
        Scanner input = new Scanner(System.in);
        System.out.println("请输入计算阶乘的数：");
        int num = input.nextInt();
        int i = 1, result = 1;
        while (i <= num) {
            result *= i;
            i++;
        }
        System.out.println(result);
    }
}
```

程序运行结果如下：

```
3628800
```

以上代码首先定义了两个变量 i 和 result，其中变量 i 表示乘数，初始值为 1；变量 result 表示计算结果，初始值也为 1。然后，开始执行 while 语句，判断是否满足表达式“i<=10”，由于表达式的执行结果为 true，循环体内的语句 result*=i 和 i++被执行，result 的值为 1，i 的值变成 2；再次判断条件表达式，结果仍然为 true，执行循环体中的代码后，result 的值变为 2，i 的值变为 3；继续判断条件表达式，依此类推。直到 i=11 时，条件表达式 i<=10 的判断结果为 false，循环结束，最后输出 result 的值。

### 4.1.3 技能训练

**上机练习 1　实现 1～100 的数字累加**

**训练要点**

- while 循环语句。

**需求说明**

- 编程实现：实现 1～100 的数字累加。

## 4.2 do…while 循环语句

### 4.2.1 为什么需要do…while循环语句

通过前面的学习我们知道，当一开始循环条件就不满足的时候，while 循环一次也不会执行。有时有这样的需要：无论如何循环都先执行一次，然后再判断循环条件，决定是否继续执行循环。do…while 循环语句就用于满足这样的需要。

### 4.2.2　什么是do…while循环语句

do…while 循环语句和 while 循环语句的功能类似，do…while 循环又称为后测试循环，不论是否满足条件都先执行一次循环内的代码块，然后再判断是否满足表达式的条件，如果满足条件则进入下一次循环，否则终止循环。其语法结构如下。

**语法**

```
do{
    循环体
} while(条件表达式);
```

例如：

```
int i = 1;
do{
    i++;
} while(i<10);
```

do…while 循环语句的流程图如图 4.2 所示。在上面的语法结构中，关键字 do 后面{}中的执行语句是循环体。do…while 循环语句将循环条件放在了循环体的后面，这就意味着，循环体会无条件执行一次，然后再根据循环条件来决定是否继续执行。

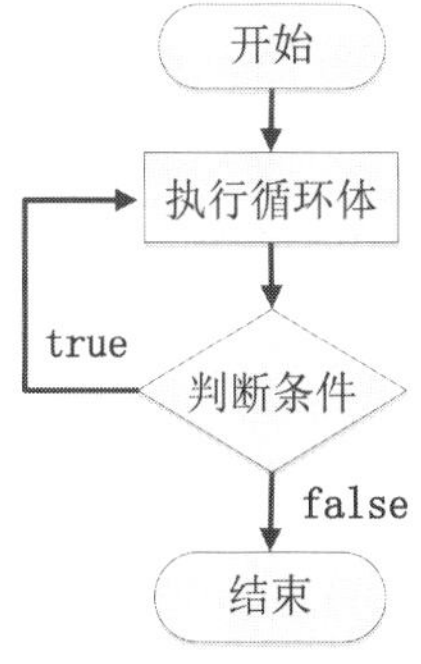


图 4.2　do…while 循环语句

和 while 循环不同，do…while 循环以关键字 do 开头，然后是花括号括起来的循环体，接着才是 while 关键字和紧随其后的圆括号括起来的循环条件。需要注意的是，do…while 循环语句以分号结尾。do…while 循环的执行顺序一般如下：

（1）声明并初始化循环变量。

（2）执行一遍循环操作。

（3）判断循环条件，如果循环条件满足，则继续执行循环操作；否则，退出循环。

do…while 循环的特点是先执行、再判断。从 do…while 循环的执行过程可以看出；循环操作至少执行一遍。

### 4.2.3 如何使用do…while循环语句

使用 do…while 循环语句解决问题的步骤如下：

（1）分析循环条件和循环操作。

（2）套用 do…while 语法写出代码。

（3）检查循环能否退出。

接下来使用 do…while 循环语句对示例 1 进行改写，如示例 3 所示。

【示例 3】 do…while 循环

```
public class Demo03{
    public static void main(String[] args) {
        int x = 1; // 定义变量 x，初始值为 1
        do {
            System.out.println("x = " + x); // 打印 x 的值
            x++; // 将 x 的值自增
        } while (x <= 5); // 循环条件
    }
}
```

运行结果如下：

```
x=1
x=2
x=3
x=4
x=5
```

示例 1 和示例 3 的运行结果一致，说明 do…while 循环和 while 循环能实现同样的功能。然而，在程序运行过程中，这两种语句还是有差别的。如果循环条件在循环语句开始时就不成立，那么 while 循环的循环体一次都不会执行，而 do…while 循环的循环体还是会执行一次。例如，将示例中的循环条件 x<=5 改为 x<1，示例 3 会打印 x=1，而示例 1 什么也不会打印。

### 4.2.4 技能训练

**上机练习 2** 计算 100 以内的偶数之和

**训练要点**

- do…while 循环语句。

**需求说明**

➢ 编程实现：计算 100 以内的偶数之和。

**实现思路及关键代码**

（1）声明并初始化循环变量：int num=0。

（2）分析循环条件和循环操作。

➢ **循环条件**　num<=100。

➢ **循环操作**　累加求和。

（3）套用 do…while 循环语句写出代码。

# 4.3 for循环语句

## 4.3.1 为什么需要for循环语句

通过使用 while 循环语句，我们轻松地解决了生活中的循环问题。通过观察前面的代码不难发现，经常会遇到循环次数已经固定的情况，对于这种情况，我们也可以选用 for 循环语句来实现。而且，for 循环语句的代码看起来更加简洁。因此，在解决有固定循环次数的问题时，可以首选 for 循环语句。下面就来介绍 for 循环语句。

## 4.3.2 什么是for循环语句

循环语句的主要作用是反复执行一段代码，直到满足一定的条件为止。循环语句可以分为 4 个部分：

➢ **初始部分**　设置循环的初始状态，如设置记录循环次数的变量 i 为 0。

➢ **循环体**　重复执行的代码。

➢ **迭代部分**　下一次循环开始前要执行的部分，在 while 循环语句中它是循环体的一部分，如使用“i++;”进行循环次数的累加。

➢ **循环条件**　判断是否继续循环的条件，如循环次数是否已经达到 100。

在 for 循环语句中，这几个部分同样必不可少，不然就会出现错误。

for 循环语句的一般格式如下。

**语法**

```
for(表达式 1; 表达式 2; 表达式 3){
    循环体
}
```

for 循环语句的流程图如图 4.3 所示，其中：

- 表达式 1 在循环开始之前执行，对应图 4.3 中的“①初始化表达式”部分。
- 表达式 2 为循环条件，对应图 4.3 中的“②循环条件”部分。
- {}中的执行语句（循环体），对应图 4.3 中的“③循环体”部分。
- 表达式 3 为循环体被执行后需要执行的内容，对应图 4.3 中的“④操作表达式”部分。
- 表达式 1、表达式 2、表达式 3 之间用“;”分隔。

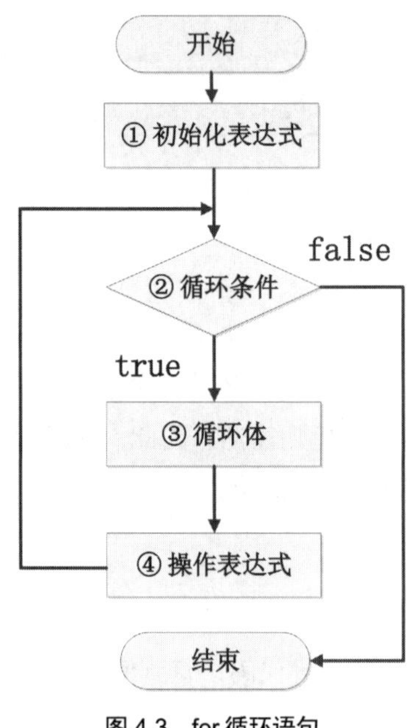


图 4.3　for 循环语句

记住，这里的 for 就是此循环语句的关键字。for 循环语句中 3 个表达式的含义如表 4.1 所示。

表 4.1　for 循环语句中 3 个表达式的含义

| 表达式 | 形式 | 功能 | 举例 |
| --- | --- | --- | --- |
| 表达式 1 | 赋值语句 | 循环语句的初始部分，为循环变量赋初值 | int i = 0 |
| 表达式 2 | 条件语句 | 循环语句的循环条件 | i<100 |
| 表达式 3 | 赋值语句，通常使用++运算符 | 循环语句的迭代部分，通常用来修改循环变量的值 | i++ |

for 关键字后面括号中的 3 个表达式必须用“;”隔开。for 循环语句中的这 3 个部分及{}中的循环体使循环语句必需的 4 个组成部分完美地结合在了一起，非常简明。

### 4.3.3　如何使用for循环语句

【示例 4】　对自然数 1~4 进行求和

```
public class Demo04 {
    public static void main(String[] args) {
        int sum = 0; // 定义变量 sum，用于记住累加的和
        for (int i = 1; i <= 4; i++) { // i 的值会在 1~4 之间变化
            sum += i; // 实现 sum 与 i 的累加
        }
        System.out.println("sum = " + sum); // 打印累加的和
    }
}
```

运行结果如下：

```
sum = 10
```

在示例 4 中，变量 i 的初始值为 1，在判断条件 i<=4 为 true 的情况下，执行循环体 sum+=i，然后执行操作表达式 i++，i 的值变为 2，然后继续进行条件判断，开始下一次循环，直到 i=5 时，条件 i<=4 为 false，结束循环，执行 for 循环后面的代码，打印“sum= 10”。

为了让初学者熟悉整个 for 循环的执行过程，现将示例 4 运行期间每次循环中变量 sum 和 i 的值通过表 4.2 罗列出来。

表 4.2　示例 4 每次循环中 sum 和 i 的值

| 循环次数 | 第一次 | 第二次 | 第三次 | 第四次 |
| --- | --- | --- | --- | --- |
| i | 1 | 2 | 3 | 4 |
| sum | 1 | 3 | 6 | 10 |

接下来通过一个案例来实现：输入任意一个整数，根据这个数输出加法表。假设输入值为 6，程序运行结果如下：

```
0+6 =6
1+5 =6
2+4 =6
3+3 =6
4+2 =6
5+1 =6
6+0 =6
```

**分析：**由运行结果可知，循环次数为固定值，即从 0 递增到输入的值，循环体为两个加数求和。一个加数从 0 开始递增到输入的值；另一个加数相反，从输入值递减至 0。具体代码如

示例 5 所示。

【示例 5】 根据给定值输出加法表

```
import java.util.Scanner;

public class Demo05 {
    public static void main(String[] args) {
        int i,j;
        Scanner input = new Scanner(System.in);
        System.out.print("请输入一个值:");
        int val = input.nextInt();
        System.out.println("根据这个值可以输出以下加法表:");
        for (i = 0, j = val; i <= val; i++, j--) {
            System.out.println(i +" + "+ j +" = "+ (i+j));
        }
    }
}
```

在示例 5 的 for 循环语句中，表达式 1 使用了一个特殊的形式——用“,”隔开的多个表达式组成的表达式：

```
i= 0, j = val;
```

在表达式 1 中，分别对两个变量 i 和 j 赋初值，它们表示两个加数。表达式 3 也使用了这种形式：

```
i++, j--;
```

在这种特殊形式的表达式中，运算顺序是从左到右。每次循环体执行完，先执行 i 自加 1，再执行 j 自减 1。

通过示例 4 和示例 5，我们已经知道了 for 循环语句的用法。在实际使用中，还有哪些需要注意的地方呢？根据 for 循环语句的语法，我们知道 for 循环语句中有 3 个表达式，在语法上，这 3 个表达式都可以省略，但表达式后面的分号不能省略。如果省略了表达式，要注意保证循环能够正常运行。

➢ 省略“表达式 1”，如下面的 for 循环语句：

```
for ( ; i< 10; i++){
    ...
}
```

这个 for 循环语句虽然省略了“表达式 1”，但其后的“;”没有省略。在实际编程中，如果出现“表达式 1”省略的情况，则需要在 for 循环语句前给循环变量赋值，因此，可将上面的语句修改为：

```
int i = 0;
for ( ; i < 10; i++){
    ...
}
```

➢ 省略“表达式 2”，即不判断循环条件，循环将不会终止运行，也就形成了“死循环”，如下面的 for 循环语句：

```
for (int i = 0; ; i++){
    ...
}
```

在编程过程中要避免“死循环”的出现，所以对上面的语句可以做如下修改：一种方法是添加“表达式 2”，另一种方法是在循环体中使用 break 强制跳出循环语句。

➢ 省略“表达式 3”，即不改变循环变量的值，也会出现“死循环”，如下面的语句：

```
for (int i = 0; i < 10;){
    ...
}
```

这里省略了“表达式 3”，变量 i 的值始终为 0，因此循环条件永远成立，程序会出现“死循环”。在这种情况下，我们可以在循环体中改变 i 的值，语句如下：

```
for (int i = 0; i < 10; ) {
    i++;
}
```

这样就能使循环正常结束，不会出现“死循环”。

➢ 三个表达式都省略，如下面的语句：

```
for(;;){
    ...
}
```

上面这个语句在语法上没有错，但逻辑上是错误的，可以参考上面 3 种情况的描述进行修改。

提示

在实际开发中，为了提高代码的可读性，尽量不要省略各个表达式。如果需要省略，可以考虑是否改用 while 或 do…while 循环语句。

### 4.3.4 技能训练

**上机练习 3 计算 100 以内的奇数之和**

**需求说明**

计算 100 以内的奇数之和，并设置断点调试程序，追踪 3 个表达式的执行顺序及循环变量的变化。

**实现思路**

（1）初始部分：声明整型变量 num 和 sum，分别表示当前加数及当前和。

（2）循环条件：num<=100。

（3）循环操作：累加求和。

## 4.4 循环嵌套

通过前面的学习，我们已经知道了什么是循环，以及循环的三种形式，即 while 循环、do…while 循环和 for 循环。本节我们将深入学习循环——二重循环，并使用二重循环解决更复杂的问题。

### 4.4.1 为什么需要循环嵌套

在编写代码时，可能需要对一段代码执行多次，这时可以使用循环语句。假设需要多次执行循环语句，那么可以将循环语句放在循环语句之中，实现循环嵌套。

### 4.4.2 什么是循环嵌套

循环嵌套是指在一个循环语句的循环体中再定义一个循环语句。while、do…while、for 循环语句都可以进行嵌套，并且它们之间也可以互相嵌套，其中最常见的循环嵌套有以下几种。

**1. while循环与while循环嵌套**

```
while(循环条件 1) {
    //循环操作 1
    while(循环条件 2) {
        //循环操作 2
    }
}
```

**2. do…while循环与do…while循环嵌套**

```
do {
```

```
    //循环操作 1
    do {
        //循环操作 2
    }while(循环条件 1);
}while(循环条件 2);
```

3. for循环与for循环嵌套

```
for(循环条件 1) {
    //循环操作 1
    for(循环条件 2) {
        //循环操作 2
    }
}
```

4. while循环与for循环嵌套

```
while(循环条件 1) {
    //循环操作 1
    for(循环条件 2) {
        //循环操作 2
    }
}
```

上面 4 种形式中，循环条件 1 和循环操作 1 对应的循环称为外层循环，循环条件 2 和循环操作 2 对应的循环称为内层循环，内层循环结束后才执行外层循环。在二重循环中，外层循环变量变化一次，内层循环变量要从初始值到结束值变化一遍。

### 4.4.3　如何使用循环嵌套

使用“*”打印边长为 4 的正方形，如示例 6 所示。

【示例 6】　**打印边长为 4 的正方形**

```
public class Demo06 {
    public static void main(String[] args) {
        int i, j; // 定义两个循环变量
        for (i = 1; i <= 4; i++) { // 外层循环
            for (j = 1; j <= 4; j++) { // 内层循环
                System.out.print("* "); // 打印*
            }
            System.out.print("\n"); // 换行
        }
```

```
    }
}
```

运行结果如下：

```
* * * *
* * * *
* * * *
* * * *
```

示例 6 中定义了两层 for 循环，分别为外层循环和内层循环，外层循环用于控制打印的行数，内层循环用于打印“*”，“*”的个数逐行增加，最后输出一个正方形。

接下来，通过一个案例来实现使用“*”打印直角三角形，如示例 7 所示。

**【示例 7】 使用*打印直角三角形**

```
public class Demo07 {
    public static void main(String[] args) {
        int i, j; // 定义两个循环变量
        for (i = 1; i <= 4; i++) { // 外层循环
            for (j = 1; j <= i; j++) { // 内层循环
                System.out.print("*"); // 打印*
            }
            System.out.print("\n"); // 换行
        }
    }
}
```

运行结果如下：

```
*
* *
* * *
* * * *
```

由于嵌套循环程序比较复杂，下面分步骤进行详细讲解，具体如下：

- **第 1 步** 在第 3 行代码中定义两个循环变量 i 和 j，其中，i 为外层循环变量，j 为内层循环变量。
- **第 2 步** 在第 4 行代码中将 i 初始化为 1，条件 i<=4 为 true，首次进入外层循环的循环体。
- **第 3 步** 在第 5 行代码中将 j 初始化为 1，由于此时 i 的值为 1，条件 j<=i 为 true，首次进入内层循环的循环体。

- **第 4 步** 执行第 5 行代码中内层循环的操作表达式 j++，将 j 的值自增为 2。
- **第 5 步** 执行第 5 行代码中的判断条件 j<=i，结果为 false，内层循环结束。执行后面的代码，换行。
- **第 6 步** 执行第 4 行代码中外层循环的操作表达式 i++，将 i 的值自增为 2。
- **第 7 步** 执行第 4 行代码中的判断条件 i<=4，结果为 true，进入外层循环的循环体，继续执行内层循环。
- **第 8 步** 由于 i 的值为 2，内层循环会执行两次，即在第 2 行打印两个“*”。内层循环结束后换行。
- **第 9 步** 依此类推，在第 3 行打印 3 个“*”，逐行递增，直到 i 的值为 5，外层循环的判断条件 i<=4 的结果为 false，外层循环结束，整个程序也就结束了。

### 4.4.4 技能训练

**上机练习 4 九九乘法表**

**需求说明**

乘法口诀是中国古代筹算中进行乘法、除法、开方等运算的基本计算规则，沿用至今已有两千多年。古代的乘法口诀与现在使用的乘法口诀顺序相反，自上而下从“九九八十一”开始到“一一如一”为止，因此，古人用乘法口诀的前两个字“九九”作为此口诀的名称。

编写程序，实现通过 for 循环嵌套输出下列样式的九九乘法表的功能。

```
1*1=1
1*2=2 2*2=4
1*3=3 2*3=6  3*3=9
1*4=4 2*4=8  3*4=12 4*4=16
1*5=5 2*5=10 3*5=15 4*5=20 5*5=25
1*6=6 2*6=12 3*6=18 4*6=24 5*6=30 6*6=36
1*7=7 2*7=14 3*7=21 4*7=28 5*7=35 6*7=42 7*7=49
1*8=8 2*8=16 3*8=24 4*8=32 5*8=40 6*8=48 7*8=56 8*8=64
1*9=9 2*9=18 3*9=27 4*9=36 5*9=45 6*9=54 7*9=63 8*9=72 9*9=81
```

**上机练习 5 逢 7 拍手游戏**

**需求说明**

逢 7 拍手游戏的规则是：从 1 开始顺序数数，数到有 7 或者包含 7 的倍数的时候拍手。编写程序，模拟实现逢 7 拍手游戏，输出 100 以内需要拍手的数字。

## 4.5 跳转语句

通过对循环语句的学习，我们已经了解了在执行循环时要进行条件判断，只有在条件为 false 时，才能结束循环。但是，根据实际情况，有时需要停止整个循环或者跳到下一次循环，有时需要从程序的一部分跳到程序的其他部分，这些都可以由跳转语句来完成。Java 支持 3 种形式的跳转语句：break 语句、continue 语句和 return 语句。

### 4.5.1 break语句

在学习选择结构时，已经使用过 break 语句了。在 switch 语句中，break 语句用于终止 switch 语句中的某个分支，使程序跳到 switch 语句的下一条语句。在循环结构中，break 语句能发挥什么作用呢？

张三参加 4000m 长跑比赛，在 400m 的跑道上，发令枪响起，他狂奔出去，在这个 400m 的跑道上循环地跑。他每跑一圈，剩余路程就会减少 400m，要跑的圈数也就是循环的次数。但是，在跑步的过程中，他在心里默默地问自己："我还有力气坚持到最后吗？"如果回答"是"，就继续跑下一圈；如果回答"否"，则退出。在跑到第 8 圈时，他实在无法坚持，退出了比赛。他没能跑完全程，在中间终止了这一循环过程。在这种情形下，我们就可以用 break 语句来描述：

```
for(int i = 0; i < 10; i++){
    //跑 400m
    if (不能坚持) {
        break;//退出比赛
    }
}
```

接下来对示例 1 稍做修改：当变量 x 的值为 3 时，使用 break 语句跳出循环，修改后的代码如示例 8 所示。

【示例 8】 break 语句

```
public class Demo08 {
    public static void main(String[] args) {
        int x = 1; // 定义变量 x，初始值为 1
        while (x <= 5) { // 循环条件
            System.out.println("x = " + x); // 条件成立，打印 x 的值
            if (x == 3) {
                break;
            }
            x++; // x 进行自增
        }
    }
}
```

运行结果如下：

```
x = 1
x = 2
```

在示例 8 中，通过 while 循环打印 x 的值，当 x 的值为 3 时，使用 break 语句跳出循环。因此，打印结果中并没有出现“x=4”和“x=5”。

当 break 语句出现在嵌套循环的内层循环中时，它只能跳出内层循环；如果想使用 break 语句跳出外层循环，则需要对外层循环添加标记。接下来对示例 7 稍做修改，控制程序只打印 3 行“*”，如示例 9 所示。

【示例 9】 使用 break 语句跳出外层循环

```
public class Demo09 {
    public static void main(String[] args) {
        int i, j; // 定义两个循环变量
        tt: for (i = 1; i <= 4; i++) { // 外层循环
            for (j = 1; j <= i; j++) { // 内层循环
                if (i > 3) { // 判断 i 的值是否大于 3
                    break tt; // 跳出外层循环
                }
                System.out.print("* "); // 打印*
            }
            System.out.print("\n"); // 换行
        }
    }
}
```

运行结果如下：

```
*
* *
* * *
```

示例 9 与示例 7 的实现原理类似，只是在外层 for 循环前面增加了标记“tt”。当 i>3 时，使用 break tt;语句跳出外层循环。因此程序只打印了 3 行“*”。

break 语句用于终止某个循环，使程序跳到循环体外的下一条语句。在循环中位于 break 后的语句将不再执行，循环也停止执行。break 语句不仅可以用在 for 循环中，也可以用在 while 和 do…while 循环中。break 语句通常与 if 语句一起使用。

## 4.5.2 continue语句

根据要求，在循环结构的 if 语句中使用 break 语句退出循环。但是，可能有时会遇到这样

的问题：在某次循环中，不执行完循环体中的所有语句，就跳出本次循环，开始执行下一次循环。我们看下面这个示例。张三在上次的比赛中没有跑完全程就退出了，他觉得很没面子，这一次他下定决心一定要跑完全程。他想了一个办法，就是中途补水。张三每跑一圈，如果口渴，就从旁边为他加油打气的同学手中接过水壶，喝上几口，再继续跑。就这样，他终于坚持跑完了全程。如何用程序描述这一过程呢？这时就要用到 continue 语句，如下所示：

```
for (int i = 0; i<10; i++) {
    //跑 400m
    if (不口渴) {
        continue;     //不喝水，继续跑
    }
    //接过水壶，喝水
}
```

如果口渴，则执行“接过水壶，喝水”；如果不口渴，则执行 continue 语句；continue 后面的语句“接过水壶，喝水”将不再被执行，之后进入下一次循环。可见，continue 语句用于如下场景：在某次循环中，不执行完循环体中的所有语句，就跳出此次循环，开始执行下一次循环。看一看下面的问题。

**问题**：求 1~100 之间个位数字不是 2，3，4，7 并且不能被 3 整除的整数之和。

**分析**：仔细分析，会发现这个问题仍然是对某些满足条件的值求和，只不过这次的条件复杂了。如果这个值的个位是 2，3，4，7 或者能被 3 整除，则使用 continue 语句结束此次循环，进行下一次循环。

**【示例 10】 continue 语句**

```
public class Demo10 {
    public static void main(String[] args) {
        int sum = 0;// 定义变量保存累加值
        for (int i = 1; i <= 100; i++) {
            // 判断 i 是否满足条件
            if (i % 10 == 2 || i % 10 == 3 || i % 10 == 4 || i % 10 == 7 || i % 3 == 0) {
                continue;
            }
            sum = sum + i;// 进行累加
        }
        System.out.println("1~100 之间个位数不是 2、3、4、7," + "并且不能被 3 整除的整数和
是:" + sum);
    }
}
```

运行结果如下：

```
1~100 之间个位数不是 2、3、4、7,并且不能被 3 整除的整数和是:2058
```

在示例 10 中，使用 if 语句进行条件判断。如果 i 对 10 取余等于 2，3，4，7，或 i 对 3 取余等于 0，则说明 i 不是所需要的数，不进行累加，而进入下一次循环。

接下来通过一个案例对 1~100 之间的奇数求和，如示例 11 所示。

**【示例 11】　对 1~100 之间的奇数求和**

```
public class Demo11 {
    public static void main(String[] args) {
        int sum = 0; // 定义变量 sum，用于记住和
        for (int i = 1; i <= 100; i++) {
            if (i % 2 == 0) { // i 是一个偶数，不累加
                continue; // 结束本次循环
            }
            sum += i; // 实现 sum 和 i 的累加
        }
        System.out.println("sum = " + sum);
    }
}
```

运行结果如下：

```
sum = 2500
```

示例 11 使用 for 循环让变量 i 的值在 1~100 之间循环。在循环过程中，当 i 的值为偶数时，将执行 continue 语句，结束本次循环，进入下一次循环；当 i 的值为奇数时，sum 和 i 进行累加，最终得到 1~100 所有奇数的和，打印“sum = 2500”。

在嵌套循环中，continue 语句后面也可以通过使用标记的方式结束本次外层循环，用法与 break 语句相似，在此不再举例说明。

continue 语句可以用于 for 循环，也可以用于 while 和 do…while 循环。在 for 循环中，continue 语句使程序先跳转到迭代部分，然后判断循环条件；如果为 true，则继续下一次循环，否则终止循环。在 while 循环中，continue 语句执行完毕后，程序将直接判断循环条件。continue 语句只能用在循环结构中。

说明

break 与 continue 的区别：break 语句可应用在 switch 和循环语句中，其作用是终止当前语句的执行，跳出 switch 语句或循环语句，执行后面的代码；而 continue 语句用于结束本次循环的执行，开始下一轮循环的执行操作。

### 4.5.3 技能训练

**上机练习 6 猴子与桃子**

**需求说明**

公园里有一只猴子和一堆桃子，猴子每天吃掉桃子总数的一半，并扔掉剩下一半中的一个坏桃。到第 7 天的时候，猴子睁开眼发现只剩下了一个桃子。问公园里刚开始有多少个桃子？

**上机练习 7 登录系统账号检测**

**需求说明**

登录系统一般具有账号、密码检测功能，即检测用户输入的账号、密码是否正确。若用户输入的账号或密码不正确，提示“用户名或密码错误”和“您还有*次机会”；若用户输入的账号和密码正确，提示“登录成功”；若输入的账号、密码错误次数超过 3 次，提示“输入错误次数过多，请稍后再试”。

编写程序，模拟登录系统账号、密码检测功能，并限制账号或密码至多输错 3 次。

**上机练习 8 猜数游戏**

**需求说明**

猜数游戏是一个古老的密码破译类益智小游戏，通常由两个人参与，一个人设置数字，一个人猜数字，当猜数字的人说出一个数字时，由设置数字的人告知是否猜中：若猜测的数字大于设置的数字，设置数字的人提示“很遗憾，你猜大了”；若猜测的数字小于设置的数字，设置数字的人提示“很遗憾，你猜小了”；若猜数字的人在规定的次数内猜中设置的数字，设置数字的人提示“恭喜，猜数成功”。

编写程序，实现遵循上述规则的猜数字游戏，并限制猜数机会只有 5 次。

## 本章总结

- 循环语句由循环条件和循环操作构成。只要满足循环条件，循环操作就会反复执行。
- 使用循环语句解决问题的步骤：分析循环条件和循环操作，套用循环结构的语法写出代码，检查循环能否退出。
- 编写循环语句代码时需注意循环变量的初值、循环操作中对循环变量值的改变和循环条件三者间的关系；确保循环次数正确，不要出现“死循环”。
- while 循环语句的特点是先判断、后执行；do…while 循环语句的特点是先执行、再判断。

➢ for 循环语句的语法格式如下：

```
for (表达式 1;表达式 2;表达式 3) {
    //循环体
}
```

◎ **表达式 1**　循环语句的初始部分，为循环变量赋初值。
◎ **表达式 2**　循环语句的循环条件。
◎ **表达式 3**　循环语句的迭代部分，通常用来修改循环变量的值。

➢ 在循环中，可以使用 break 和 continue 语句控制程序的流程：

◎ break 语句用于终止某个循环，程序跳转到循环体外的下一条语句。
◎ continue 语句用于跳出本次循环，进入下一次循环。

## 本章作业

### 一、选择题

1．以下说法中正确的是（　　）。（选择两项）

A．如果 while 循环语句的循环条件始终为 true，则一定会出现死循环

B．程序调试时加入断点会改变程序的执行流程

C．do…while 循环语句的循环体至少无条件执行一次

D．while 循环语句的循环体有可能一次都不执行

2．关于以下代码，下面说法正确的是（　　）。

```
int k = 10;
while (k == 0) {
    k = k - 1;
}
```

A．循环将执行 10 次

B．死循环，将一直执行下去

C．循环将执行 1 次

D．循环一次也不执行

3．以下关于 break 语句和 continue 语句的说法正确的是（　　）。

A．continue 语句的作用是结束整个循环的执行

B．在循环体内和 switch 语句内可以使用 break 语句

C．循环体内使用 break 语句或 continue 语句的作用相同

D．在 switch 语句内也可以使用 continue 语句

4．下面循环的执行次数是（　　）。

```
for (int i = 2; i == 0;) {
    System.out.println(i);
    i++;
}
```

A．2　　　　　　B．1　　　　　　C．0　　　　　　D.无限次

5．下列关于 while 循环、do…while 循环和 for 循环的说法正确的是（　　）。

A．while 循环有入口条件，do…while 循环没有入口条件

B．do…while 循环结束的条件是 while 后的判断语句成立

C．for 循环语句中的 3 个表达式缺一不可

D．只有在循环次数固定的情况下，才能使用 for 循环语句

## 二、简答题

1．利用循环语句解决问题的一般步骤是什么？

2．说明在循环结构中 break 语句和 continue 语句的区别。

## 三、综合应用题

1．使用 while 循环语句输出：100，95，90，85，…，5。先画出流程图，再编程实现。

2．使用 do…while 循环语句实现：计算 1～50 中是 7 的倍数的数值之和并输出。

提示

使用“%”运算符判断 7 的倍数。

3．鸡兔同笼是我国古代著名的趣题之一。大约在 1500 年前，《孙子算经》中记载了这样一道题目：今有鸡兔同笼，上有三十五头，下有九十四足，问鸡兔各几只？试编写程序解决这个问题。

提示

➢ 定义变量 chookNum、rabbitNum 分别表示鸡的数量、兔子的数量，二者有如下两个关系：

```
chookNum + rabbitNum = 35;
2×chookNum + 4×rabbitNum = 94;
```

➢ 鸡的数量 chookNum 的范围是 0<=chookNum <=35，利用循环语句实现。

4．在马克思手稿中有一道趣味数学问题：一共有 30 个人，可能包括男人、女人和小孩。他们在一家饭馆吃饭共花了 50 先令，其中每个男人花 3 先令，每个女人花 2 先令，每个小孩花 1 先令。请问男人、女人和小孩各几人？请编写一个程序来解决这个问题。

提示

- 定义三个变量 men，women 和 kids 分别表示男人数、女人数和小孩数，可以得到如下两个关系：

```
men + women + kids = 30;
3×men ＋ 2×women＋ kids = 50;
```

- 男人数 men 的范围是 0<=men<=10，利用循环语句实现。

# 第 5 章 数组及应用

## 本章目标

◎ 掌握一维数组的使用和内存结构分析
◎ 掌握数组的遍历方式：for 循环和 foreach 循环
◎ 掌握数组的添加和删除操作
◎ 理解数组数据结构的优势和劣势
◎ 了解 Arrays 工具类提供的常见方法
◎ 了解二维数组的定义和内存结构分析

## 本章简介

在前面章节中，我们学习了不同的数据类型，如整型、字符型、浮点型等。这些数据类型操作的往往是单个的数据。有时候，需要对数据类型相同、用途相近的数据集中进行处理，如处理一个班级所有学生的考试成绩等。在这种情况下，仅仅使用以前的数据类型处理方式会非常麻烦，因此本章将学习如何使用 Java 中的数组。用数组集中操作数据比使用多个变量操作数据便捷得多。

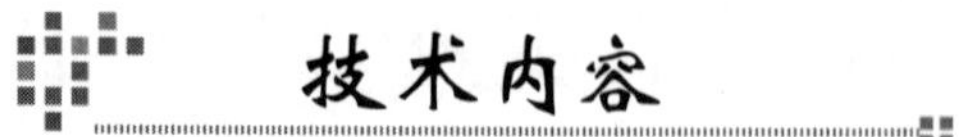

## 技术内容

## 5.1 数组概述

### 5.1.1 为什么需要数组

**问题：**Java 考试结束后，老师给张三分配了一项任务，让他计算全班学生（30 人）的平均分。

张三想了一下，要计算平均分不难，首先要定义变量。可是班里有 30 个学生就要定义 30 个变量。这么一想，他就开始头疼了。不过没办法，师命难违。因此，他写出了下面的代码：

```
int score1=95;
int score2=89;
int score3=79;
int score4=64;
int score5=76;
int score6=88;
...
int score28=70;
int score29=88;
int score30=65;
average= (score1+score2+score3+score4+score5+…+score30)/30;
```

上面的代码缺陷很明显，首先是定义的变量个数太多，如果存储 10000 个学生的成绩，难道真要定义 10000 个变量吗？这显然不可能，另外也不利于数据处理。例如，求所有成绩之和或最高分，输出所有成绩，就需要把所有的变量名都写出来，这显然不是一种好的方法。Java 针对此类问题提供了有效的存储方式——数组。数组是指一组数据的集合，数组中的每个数据被称作元素。数组可以存放任意类型的元素。数组可分为一维数组和多维数组。本节将围绕数组进行详细的讲解。

### 5.1.2　Java中的数组

在 Java 中，数组就是个变量，用于将相同数据类型的数据存储在内存中。数组中的每一个数据元素都属于同一数据类型。例如，全班 30 个学生的成绩都是整型，就可以存储在一个整型数组里面。在前面章节中已经学过，声明一个变量就是在内存空间分配一块合适的空间，然后将数据存储在这个空间中。同样，数组就是在内存空间划出一串连续的空间，如图 5.1 所示。

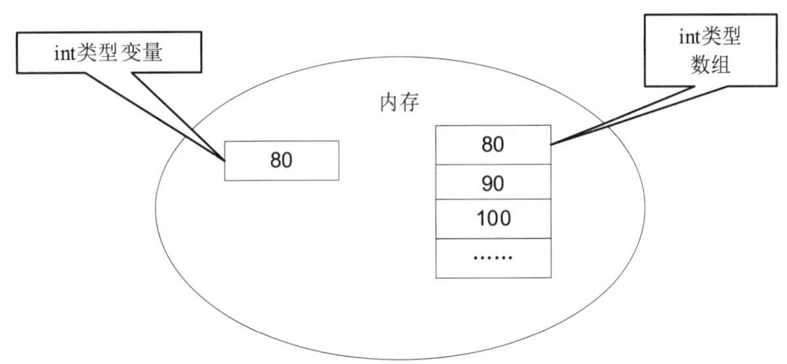


图 5.1　内存中的 int 类型变量和 int 类型数组

了解了数组在内存中的存储方式，下面来看数组的基本要素：

- **标识符** 首先，和变量一样，在计算机中，数组也要有一个名称，称为标识符，用于区分不同的数组。
- **数组元素** 当给出了数组名称（即数组标识符）后，要向数组中存放数据，这些数据称为数组元素。
- **数组下标** 在数组中，为了正确地得到数组元素，需要对它们进行编号，这样计算机才能根据编号去存取，这个编号就称为数组下标。
- **元素类型** 存储在数组中的数组元素应该是同一数据类型，如可以把学生的成绩存储在数组中，而每一个学生的成绩可以用整型变量存储，因此称它的元素类型是整型。

根据上面的分析，可以得到如图 5.2 所示的数组基础结构。

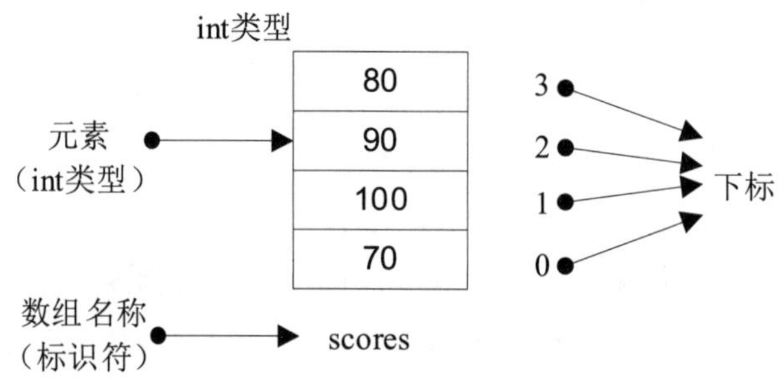


图 5.2 数组基本结构

对于图 5.2，做如下说明：

- 数组只有一个名称，即标识符，如 scores。
- 数组元素在数组里按顺序编号，该编号即为数组下标，它标明了元素在数组中的位置，第一个元素的编号规定为 0，因此数组的下标依次为 0，1，2，3，4 等。
- 数组中的每个元素都可以通过下标来访问。由于元素是按顺序存储的，每个元素固定对应一个下标，因此可以通过下标快速地访问每个元素。例如，scores[0]指数组中的第 1 个元素 70，scores[1]指数组中的第 2 个元素 100。
- 数组的大小（长度）是数组可容纳元素的最大数量。定义一个数组的同时也定义了它的大小。如果数组已满但是还继续向数组中存储数据的话，程序就会出错，这称为数组越界。例如，图 5.2 中的数组下标最大为 3，如果数组的下标超过 3，程序就会因错误而终止。

### 5.1.3 栈内存与堆内存

所谓数组，就是若干个相同数据类型的元素按一定顺序排列的集合。在 Java 语言中，数组元素可以由简单数据类型的量组成，也可以由对象组成。数组中的所有元素都具有相同的数据类型，可以用一个统一的数组名称和一个下标来唯一地确定数组中的元素。数组按构成形式可以分为一维数组和多维数组。

为了帮助大家充分地理解数组的概念，首先介绍一下 Java 语言中有关内存分配的知识。Java 语言把内存分为两种：栈内存和堆内存。

在方法中定义的一些基本类型的变量和对象的引用变量都在方法的栈内存中分配，当在一段代码中定义一个变量时，Java 就在栈内存中为这个变量分配内存空间，当超出变量的作用域后，Java 会自动释放为该变量分配的内存空间。

堆内存用来存放由 new 运算符创建的对象和数组，在堆中分配的内存由 Java 虚拟机的自动垃圾回收器来管理。在堆中创建一个数组或对象时，同时还在栈中定义一个特殊的变量，让栈中的这个变量的取值等于数组或对象在堆内存中的首地址，栈中的这个变量就成了数组或对象的引用变量，引用变量实际上保存的是数组或对象在堆内存中的地址（也称为对象的句柄），以后可以在程序中使用栈的引用变量来访问堆中的数组或对象。引用变量就相当于为数组或对象起的一个名称。引用变量是普通的变量，定义时在栈中分配内存空间，在程序运行到其作用域之外后被释放。而数组或对象本身在堆内存中分配内存空间，即使程序运行到使用 new 运算符创建数组或对象的语句所在的代码块之外，数组或对象本身所占据的内存也不会被释放；数组或对象在没有引用变量指向它时，会变为垃圾，不能再被使用，但仍然占据内存空间不放，在随后一个不确定的时间被垃圾回收器收走（释放），这也是 Java 比较占内存的原因。

Java 有一个特殊的引用型常量 null，如果将一个引用变量赋值为 null，则表示该引用变量不指向（引用）任何对象。

## 5.2　如何使用数组

一维数组是最简单的数组，其逻辑结构是线性表。要使用一维数组，需要经过声明、分配空间、赋值和应用等过程。

### 5.2.1　使用数组的步骤

前面已经学习了数组的基本结构，那么数组该如何使用呢？其实只需要 4 个步骤。

**1．声明数组**

在 Java 中，声明一维数组的语法如下。

**语法**

```
数据类型[] 数组名;
```

或者

```
数据类型 数组名[];
```

以上两种方式都可以声明一个数组，数组名可以是任意合法的变量名。

声明数组就是告诉计算机该数组中数据的类型是什么。例如：

```
int[] scores;         //存储学生的成绩，类型为 int
double height[];      //存储学生的身高，类型为 double
String[] names;       //存储学生的姓名，类型为 String
```

2．分配空间

虽然声明了数组，但 Java 并不会自动为数组元素分配内存空间，所以此时还不能使用数组，而需要为数组分配内存空间，这样数组的每一个元素才能对应一个存储单元。简单地说，分配空间就是告诉计算机在内存中分配一些连续的空间来存储数据。在 Java 中，可以使用 new 关键字来给数组分配空间。

**语法**

```
数组名= new 数据类型[数组长度];
```

其中，数组长度就是数组中能存放的元素个数，显然应该为大于 0 的整数。例如：

```
scores = new int[30];        //长度为 30 的 int 类型数组
height = new double[30];     //长度为 30 的 double 类型数组
names = new String[30];      //长度为 30 的 String 类型数组
```

可以将上面两个步骤合并，即在声明数组的同时给它分配空间，语法如下。

**语法**

```
数据类型[] 数组名= new 数据类型[数组长度] ;
```

例如：

```
int scores[] = new int[30]; //存储 30 个学生成绩
```

一旦声明了数组的大小就不能再修改，即数组的长度是固定的。例如，上面名称为 scores 的数组的长度是 30，假如发现有 31 个学生成绩需要存储，想把数组长度改为 31，则不可以，只能重新声明新的数组。

可以使用以下格式来定义一个数组：

```
int[] x = new int[100];
```

上述语句就相当于在内存中定义了 100 个 int 类型的变量，第 1 个变量的名称为 x[0]，第 2 个变量的名称为 x[1]，依此类推，第 100 个变量的名称为 x[99]，这些变量的初始值都是 0。

为了更好地理解数组的这种定义方式，可以将上面的一句代码分成两句来写：

```
int[]x; //声明一个 int[]类型的变量
x = new int[100]; // 创建一个长度为 100 的数组
```

接下来，通过两张内存图来详细地说明数组在创建过程中的内存分配情况。

第 1 行代码声明了一个变量 x，该变量的类型为 int[]，即一个 int 类型的数组。变量 x 会占用一块内存单元，它没有被分配初始值，这时内存中的状态如图 5.3 所示。

第 2 行代码创建了一个数组，将数组的地址赋值给变量 x。在程序运行期间，可以使用变量 x 来引用数组，这时内存中的状态会发生变化，如图 5.4 所示。

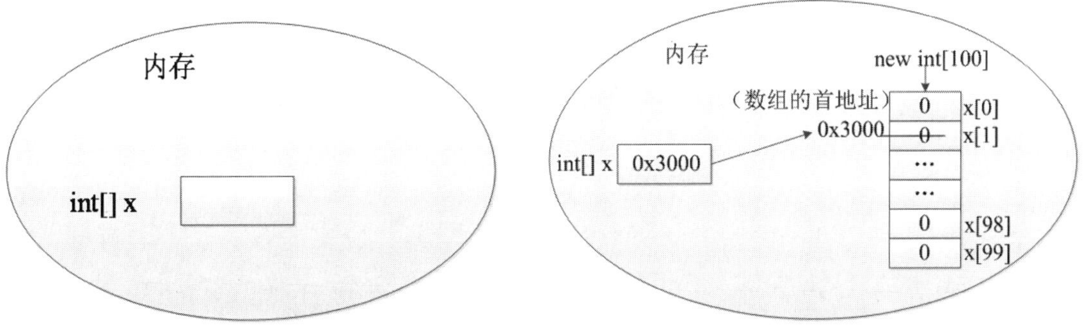


图 5.3　内存中的状态

图 5.4　创建数组后内存中的状态

图 5.4 中描述了变量 x 引用数组的情况。该数组中有 100 个元素，初始值都为 0。数组中的每个元素都有一个索引（即下标），要想访问数组中的元素，可以使用 x[0]，x[1]，…，x[98]，x[99]的形式。需要注意的是，数组中最小的索引是 0，最大的索引是“数组的长度-1”。为了方便获得数组的长度，Java 中提供了一个 length 属性，在程序中可以通过“数组名.length”的方式来获得数组的长度，即元素的个数。

### 3. 赋值

分配空间后就可以向数组里存放数据了，数组中的每一个元素都是通过下标来访问的，语法如下。

**语法**

```
数组名[下标值] ;
```

例如，向 scores 数组中存放数据：

```
scores[0]=89;
scores[1]=60;
```

```
scores[2]=70;
...
```

接下来，通过一个案例来演示如何定义数组以及访问数组中的元素，如示例 1 所示。

【示例 1】 定义数组以及访问数组中的元素

```
public class Demo01 {
    public static void main(String[] args) {
        int[] arr; // 声明变量
        arr = new int[3]; // 创建数组对象
        System.out.println("arr[0]=" + arr[0]); // 访问数组中的第一个元素
        System.out.println("arr[1]=" + arr[1]); // 访问数组中的第二个元素
        System.out.println("arr[2]=" + arr[2]); // 访问数组中的第三个元素
        System.out.println("数组的长度是：" + arr.length); // 打印数组长度
    }
}
```

运行结果如下：

```
arr[0]=0
arr[1]=0
arr[2]=0
数组的长度是：3
```

在示例 1 中，第 3 行代码声明了一个 int[]类型的变量 arr；第 4 行代码创建了一个长度为 3 的数组，并将数组在内存中的地址赋值给变量 arr；在第 5~7 行代码中，通过下标来访问数组中的元素；第 8 行代码通过 length 属性访问数组中元素的个数。从运行结果可以看出，数组的长度为 3，且 3 个元素的初始值都为 0，这是因为当数组被成功创建后，数组中的元素会被自动赋予一个默认值，根据元素类型的不同，默认初始值也是不一样的，具体如表 5.1 所示。

表 5.1 元素的默认初始值

| 数据类型 | 默认初始值 |
|---|---|
| byte、short、int、long | 0 |
| float、Double | 0.0 |
| char | 一个空字符，即'\u0000' |
| boolean | false |
| 引用数据类型 | null，表示变量不引用任何对象 |

如果在使用数组时，不想使用这些默认初始值，也可以显式地为这些元素赋值。接下来通过一个案例来学习如何为数组的元素赋值，如示例 2 所示。

**【示例 2】 为数组的元素赋值**

```
public class Demo02{
    public static void main(String[] args) {
        int[] arr = new int[4]; // 定义可以存储 4 个元素的整数类型数组
        arr[0] = 1; // 为第 1 个元素赋值 1
        arr[1] = 2; // 为第 2 个元素赋值 2
        // 依次打印数组中每个元素的值
        System.out.println("arr[0]=" + arr[0]);
        System.out.println("arr[1]=" + arr[1]);
        System.out.println("arr[2]=" + arr[2]);
        System.out.println("arr[3]=" + arr[3]);
    }
}
```

运行结果如下：

```
arr[0]=1
arr[1]=2
arr[2]=0
arr[3]=0
```

在示例 2 中，第 3 行代码定义了一个数组，此时数组中每个元素都为默认初始值 0。第 4、5 行代码通过赋值语句将数组中的元素 arr[0]和 arr[1]分别赋值为 1 和 2，而元素 arr[2]和 arr[3]没有赋值，其值仍为 0，因此打印结果中 4 个元素的值依次为 1，2，0，0。

在定义数组时，只指定数组的长度，由系统自动为元素赋初值的方式称作动态初始化。在初始化数组时，还有一种方式叫作静态初始化，就是在定义数组的同时为数组的每个元素赋值。数组的静态初始化有两种方式，它将声明数组、分配空间和赋值合并完成，具体语法格式如下。

**语法**

```
1.类型[]数组名= new 类型[]{元素 1,元素 2，…}
2.类型[]数组名= {元素 1,元素 2,…}
```

例如，使用这种方式来创建 scores 数组：

```
int[] scores = new int[]{60,70,98,90,76}; //创建一个长度为 5 的数组 scores
```

同时，它也等价于下面的代码：

```
int[] scores= {60,70,98,90,76};
```

上面的两种方式都可以实现数组的静态初始化，但是为了简便，建议采用第 2 种方式。接下来通过一个案例来演示数组静态初始化的效果，如示例 3 所示。

【示例 3】 数组静态初始化

```
public class Demo03{
    public static void main(String[] args) {
        int[] arr = { 1, 2, 3, 4 }; // 静态初始化
        // 依次访问数组中的元素
        System.out.println("arr[0] = " + arr[0]);
        System.out.println("arr[1] = " + arr[1]);
        System.out.println("arr[2] = " + arr[2]);
        System.out.println("arr[3] = " + arr[3]);
    }
}
```

运行结果如下：

```
arr[0] = 1
arr[1] = 2
arr[2] = 3
arr[3] = 4
```

示例 3 采用静态初始化的方式为每个元素赋予初值，其值分别是 1，2，3，4。值得注意的是，文件中的第 3 行代码千万不可写成 int[] x = new int[4]{1,2,3,4};，这样写编译器会报错，原因在于编译器认为数组限定的元素个数[4]与实际存储的元素个数有可能不一致，存在一定的安全隐患。

提示

值得注意的是，直接创建并赋值的方式一般在数组元素比较少的情况下使用，必须一并完成，如下代码是不合法的：

```
int[] score;
score = {60,70,98, 90,76};//错误
```

回想 5.1 节提出的问题，张三要计算 30 位学生的平均分，也是这样一个一个地赋值，非常烦琐。仔细观察上面的代码会发现，数组的下标是规律变化的，即从 0 开始顺序递增，所以可以考虑用循环变量表示数组下标，从而利用循环给数组赋值：

```
Scanner input = new Scanner (System.in);
for(int i=0;i<30;1++){
    score[i] = input.nextInt();        //从控制台接受键盘输入进行循环赋值
}
```

可见，运用循环大大简化了代码。

注意

在编写程序时，数组和循环结合在一起使用，可以大大简化代码，提高程序效率。通常，使用 for 循环遍历数组或者给数组元素赋值。

4．对数据进行处理

现在使用数组解决前面提出的计算 30 位学生平均分的问题，为了简单起见，我们以计算 5 位学生的平均分为例进行讲解，如示例 4 所示。

【示例 4】　使用数组计算平均分

```
import java.util.Scanner;

public class Demo04{
    /**
     * 使用数组计算平均分
     */
    public static void main(String[] args) {
        int[] scores = new int[5];//成绩数组
        int sum = 0;//成绩总和
        Scanner input = new Scanner(System.in);
        System.out.println("请输入 5 位学生的成绩：");
        for(int i = 0; i <scores.length; i++){
            scores[i] = input.nextInt();
            sum = sum + scores[i];//成绩累加
        }
        //计算并输出平均分
        System.out.println("学生的平均分是：" + (double)sum/scores.length);
    }
}
```

示例 4 的运行结果如下：

```
请输入 5 位学生的成绩：
95
90
85
90
85
学生的平均分是：89.0
```

在循环中，循环变量 i 从 0 开始递增直到数组的最大长度 scores.length。因此，每次循环 i 加 1，且成绩累加。数组一经创建，其长度（数组中包含元素的数目）便不可改变，如果越界访问（即数组下标超过 0 至数组长度-1 的范围），程序会报错。因此，当我们需要使用数组长度时，一般采用如下形式：

```
数组名.length;
```

例如，在示例 4 的代码中，循环变量 i 小于数组长度，我们写成“i < scores.length”而不是“i <5”。

## 5.2.2 常见错误

数组是编程中常用的存储数据的结构，但在使用的过程中会出现一些错误，在这里进行归纳，希望能够引起大家的重视。

### 1. 误以为数组下标从 1 开始

**【错误示例 1】 误以为数组下标从 1 开始**

```
package com.test.ch05;

public class ErrorDemo1 {
    public static void main(String[] args) {
        int[] scores = new int[] { 190, 85, 65, 89, 87 };
        System.out.println("第 3 位同学的成绩应修改为 92");
        scores[3] = 92; // 数组下标
        System.out.println("修改后，5 位同学的成绩是:");
        for (int i = 0; i < scores.length; i++) {// 通过 for 循环输出数组元素，即遍历数组
            System.out.print(scores[i] + " ");
        }
    }
}
```

程序运行结果如图 5.5 所示。

```
<terminated> ErrorDemo1 [Java Application] C:\Program Files\Java\jre1.8.0_281\bin\javaw.exe (
第3位同学的成绩应修改为92
修改后，5位同学的成绩是:
190 85 65 92 87
```

图 5.5 运行结果

由运行结果可以看到，第 3 位同学的成绩仍然是 65，而第 4 位同学的成绩变成了 92。分析

原因会发现，第 3 位同学的成绩在数组中的下标是 2，而不是 3。

**排错方法：**将赋值语句改为 scores[2] = 92。

这样再运行程序，就可以将第 3 位同学的成绩修改为 92 分。

### 2．数组访问越界

**【错误示例 2】　数组访问越界**

```
package com.test.ch05;

public class ErrorDemo2 {
    public static void main(String[] args){
        int[] scores=new int[2];
        scores[0]=90;
        scores[1]=85;
        scores[2]=65;
        System.out.println(scores[2]);
    }
}
```

运行程序，编译器报错，如图 5.6 所示。

```
Markers  Properties  Servers  Data Source Explorer  Snippets  Console
<terminated> ErrorDemo2 [Java Application] C:\Program Files\Java\jre1.8.0_281\bin\javaw.exe (2021年12月11日 下午5:51:57)
Exception in thread "main" java.lang.ArrayIndexOutOfBoundsException: 2
	at com.test.ch05.ErrorDemo2.main(ErrorDemo2.java:8)
```

图 5.6　运行结果

如图 5.6 所示，控制台打印出了“java.lang.ArrayIndexOutOfBoundsExcepticn”，意思是数组下标超过范围，即数组越界，这是异常类型（关于异常，将在后续章节中学习，这里可以简单理解为程序能捕获的错误）。ErrorDemo2.java:8 指出了出错位置，这里是程序的第 8 行，即 scores[2]=65;。因为数组下标范围是 0~数组长度-1，所以上面的数组下标范围是 0～1，而程序中的下标出现了 2，超出了该范围，造成数组访问越界，所以编译器报错。

**排错方法：**增加数组长度或删除超出数组下标范围的语句。

注意

数组下标从 0 开始，而不是从 1 开始。如果访问数组元素时指定的下标小于 0 或者大于等于数组的长度，都将出现数组下标越界异常。

### 3．空指针异常

在使用变量引用一个数组时，变量必须指向一个有效的数组对象，如果该变量的值为 null，则意味着没有指向任何数组，此时通过该变量访问数组的元素会出现空指针异常。接下来通过一个案例来演示这种异常。

**【错误示例 3】 空指针异常**

```
package com.test.ch05;

public class ErrorDemo3 {
    public static void main(String[] args) {
        int[] arr = new int[3]; // 定义一个长度为 3 的数组
        arr[0] = 5; // 为数组的第一个元素赋值
        System.out.println("arr[0]=" + arr[0]); // 访问数组的元素
        arr = null; // 将变量 arr 置为 null
        System.out.println("arr[0]=" + arr[0]); // 访问数组的元素
    }
}
```

运行结果如图 5.7 所示。

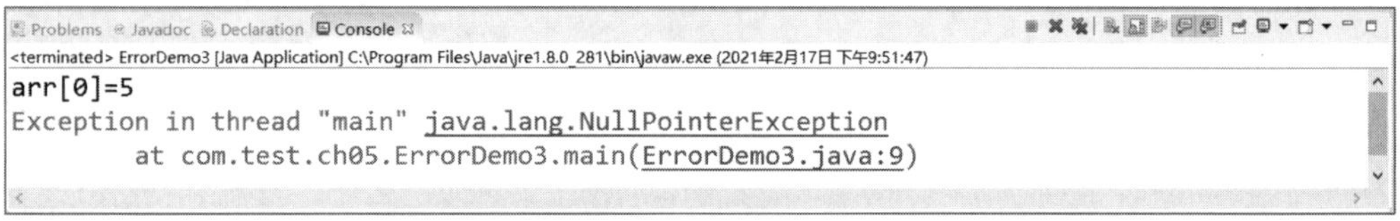

```
Problems  Javadoc  Declaration  Console
<terminated> ErrorDemo3 [Java Application] C:\Program Files\Java\jre1.8.0_281\bin\javaw.exe (2021年2月17日 下午9:51:47)
arr[0]=5
Exception in thread "main" java.lang.NullPointerException
	at com.test.ch05.ErrorDemo3.main(ErrorDemo3.java:9)
```

图 5.7 运行结果

通过图 5.7 所示的运行结果可以看出，错误示例 3 的第 6 行和第 7 行代码都能通过变量 arr 正常地操作数组，第 8 行代码将变量置为 null，当第 9 行代码再次访问数组时就出现了空指针异常（NullPointerException）。

## 5.2.3 技能训练

**显示商品名称**

**需求说明**

- 定义特价商品数组，存储 5 件商品名称，在控制台显示特价商品名称。
- 程序运行结果如图 5.8 所示。

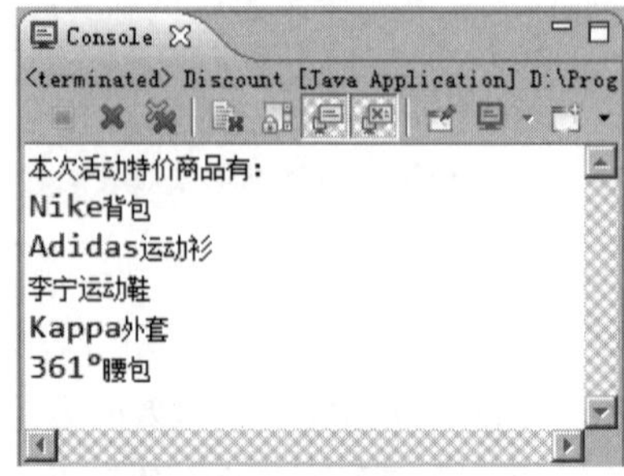


图 5.8 程序运行结果

**实现思路**

（1）创建一个长度为 5 的 String 类型数组，存储商品名称。

（2）使用循环输出商品名称。

### 上机练习 2　购物金额结算

**需求说明**

- 某会员本月购物 5 次，输入 5 笔购物金额，以表格的形式输出这 5 笔购物金额及总金额。
- 程序运行结果如图 5.9 所示。

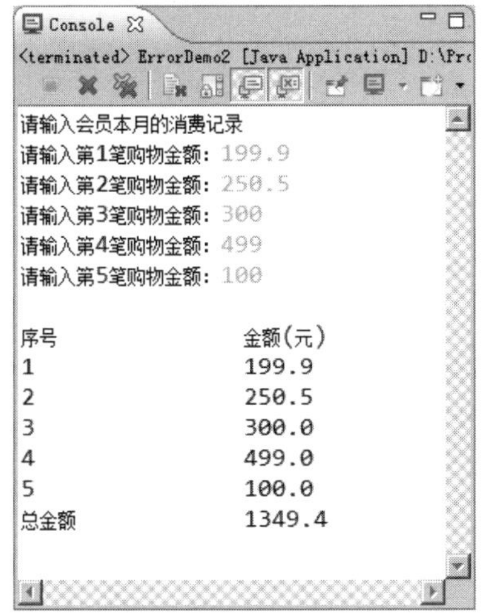


图 5.9　程序运行结果

**实现思路**

（1）创建一个长度为 5 的 double 类型数组，存储购物金额。

（2）循环输入 5 笔购物金额，并累加总金额。

（3）利用循环输出 5 笔购物金额，最后输出总金额。

## 5.3　数组应用

Java 语言提供的 java.util.Arrays 类用于支持对数组的操作，其常用方法如表 5.2 所示。

表 5.2　数组类 Arrays 的常用方法

| 方法 | 说明 |
| --- | --- |
| public static int binarySearch(X[] a, X key) | X 是任意数据类型。返回 key 在升序数组 a 中首次出现的下标，若 a 中不包含 key，则返回负值 |
| public static void sort(X[] a) | X 是任意数据类型。对数组 a 升序排序后仍存放在 a 中 |
| public static void sort(X[] a, int fromIndex, int toIndex) | 对任意类型的数组中从 fromIndex 到 toIndex-1 的元素进行升序排序，其结果仍存放在 a 数组中 |

续表

| 方法 | 说明 |
| --- | --- |
| public static X[] copyOf(X[] original, int newLength) | 截取任意类型数组 original 中长度为 newLength 的数组元素复制给调用数组 |
| public static boolean equals(X[] a, X[] a2) | 判断同类型的两个数组 a 和 a2 中对应元素的值是否相等。若相等，则返回 true，否则返回 false |

数组在编写程序时应用非常广泛，灵活地使用数组对实际开发很重要。接下来，本节将针对数组的常见操作（如数组的遍历、最值的获取、数组的排序等）进行详细的讲解。

### 5.3.1 数组的遍历

在操作数组时，经常需要依次访问数组中的每个元素，这种操作称为数组的遍历。接下来通过一个案例来学习如何使用 for 循环遍历数组，如示例 5 所示。

【示例 5】 使用 for 循环遍历数组

```
public class Demo5 {
    public static void main(String[] args) {
        int[] arr = { 1, 2, 3, 4, 5 }; // 定义数组
        // 使用 for 循环遍历数组的元素
        for (int i = 0; i <arr.length; i++) {
            System.out.println(arr[i]); // 通过索引访问元素
        }
    }
}
```

运行结果如下：

```
1
2
3
4
5
```

示例 5 中定义了一个长度为 5 的数组 arr，数组的下标为 0~4。由于 for 循环中定义的变量 i 的值在循环过程中为 0~4，因此可以作为索引，依次去访问数组中的元素，并将元素的值打印出来。

自 JDK 5 开始，引进了一种新的 for 循环语句，不用下标就可遍历整个数组，这种新的循环语句称为 foreach 语句。foreach 语句只需提供 3 个数据：元素类型、循环变量的名字（用于存储连续的元素）和用于从中检索元素的数组。foreach 语句的语法如下：

```
for (type element : array){
    System.out.println(element);
    ...
}
```

其功能是每次从数组 array 中取出一个元素，自动赋给变量 element，用户不用判断是否超出数组的长度。需要注意的是，element 的类型必须与数组 array 中元素的类型相同。例如：

```
int[] arr= {1,2,3,4,5};
for(int element : arr)
System.out.println(element);//输出数组 arr 中的各元素
```

## 5.3.2　数组排序

数组排序是实际开发中比较常用的操作，如果需要对存放在数组中的 5 位学生的考试成绩从低到高排序，应如何实现呢？在 Java 中，这个问题很容易解决。先看下面的语法。

**语法**

```
Arrays.sort(数组名) ;
```

**注意**

Arrays 是 Java 中提供的一个类，而 sort()是该类的一个方法。关于“类”和“方法”的含义将在后续章节中详细讲解。这里我们只需要知道，按照上面的语法，即将数组名放在 sort()方法的括号中，就可以完成对该数组的排序。因此，这个方法执行后，数组中的元素已经按顺序排列（升序）了。

为了掌握数组排序的方法，下面就解决上述问题，即对 5 位学生的考试成绩从低到高排序。

**【示例 6】　sort()方法的使用**

```
import java.util.Arrays;
import java.util.Scanner;

public class Demo06{
    public static void main(String[] args) {
        int[] scores = new int[5];//成绩数组
        Scanner input = new Scanner(System.in);
        System.out.println("请输入 5 位学生的成绩：");
        //循环录入学生成绩
        for(int i = 0; i < scores.length; i++){
            scores[i] = input.nextInt();
        }
        Arrays.sort(scores);//对数组进行升序排序
        System.out.print("学生成绩按升序排列：");
```

```
        //利用循环输出学生成绩
        for(int i = 0; i < scores.length; i++){
            System.out.print(scores[i] + " ");
        }
    }
}
```

程序运行结果如下：

```
请输入 5 位学生的成绩：
90
85
82
75
88
学生成绩按升序排列：75 82 85 88 90
```

为了对成绩数组 scores 排序，只需要把数组名 scores 放在 sort()方法的括号中即可。该方法执行后，利用循环输出数组中的成绩。可以看到，数组中的成绩已经按升序排列了。

### 5.3.3 求数组最大值

**问题：**从键盘上输入 5 位学生的 Java 考试成绩，求考试成绩的最高分。

在解决这个问题之前，我们先来看“比武打擂”的场景，如图 5.10 所示。首先假定第一个上擂台的是擂主，然后下一个竞争对手与他比武。如果他胜利了，他仍然是擂主，继续跟后面的竞争对手比武。如果他失败了，则他的竞争对手便留在擂台上。作为目前的擂主，他会继续与后面的竞争对手比武。依此类推，最后胜利的那个便是本次比武的冠军。与此类似，这个问题就是找出这次考试的“擂主”。

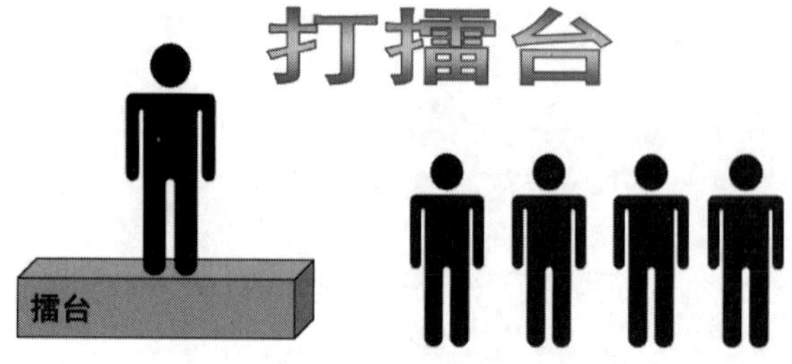


图 5.10 “比武打擂”的场景

根据上面的描述，可以用代码表示如下。

```
...
max= scores[0];
```

```
if(a[1] > max)
    max= scores[1];
if(a[2] > max)
    max = scores[2];
if(a[3] > max)
    max = scores[3];
...
```

最终，max 中存储的就是本次考试的最高分，这样写代码似乎太烦琐了，能不能进行简化呢？观察可知：这是一个循环的过程，max 变量依次与数组中的元素进行比较。如果 max 小于比较的元素，则执行置换操作。如果 max 较大，则不执行操作。因此，采用循环的方式来写代码会大大减少代码量，提高程序效率，如示例 7 所示。

【示例 7】 求最大值

```
import java.util.Scanner;

public class Demo07{
    /**
     * 求数组最大值
     */
    public static void main(String[] args) {
        int[] scores = new int[5];
        int max = 0;//记录最大值
        System.out.println("请输入 5 位学生的成绩：");
        Scanner input = new Scanner(System.in);
        for(int i = 0; i < scores.length; i++){
            scores[i] = input.nextInt();
        }
        //计算最大值
        max = scores[0];
        for(int i = 1; i < scores.length; i++){
            if(scores[i] > max){
                max = scores[i];
            }
        }
        System.out.println("考试成绩最高分为：" + max);
    }
}
```

程序运行结果如下：

```
请输入 5 位学生的成绩：
```

```
85
75
80
89
90
考试成绩最高分为：90
```

### 5.3.4 向数组中插入元素

**问题**：有一组学生的成绩是{99,85,82,63,60}，将它们按降序排列，保存在一个数组中。现需要增加一个学生的成绩，将它插入数组并保持成绩降序排列。

**分析**：首先，将 5 位学生的成绩保存在长度为 6 的整型数组中。然后，找到新增成绩的插入位置。为了保持数组中的成绩有序，需要从数组的第一个元素开始与新增的成绩进行比较，直到找到要插入的位置。可以使用循环进行比较。找到插入位置后，将该位置后的元素后移一个位置。最后，将新增的成绩插入该位置即可。

【示例 8】 向数组中插入元素

```java
import java.util.Scanner;

public class Demo08{
    public static void main(String[] args) {
        int[] list = new int[6]; // 长度为 6 的数组
        list[0] = 99;
        list[1] = 85;
        list[2] = 82;
        list[3] = 63;
        list[4] = 60;

        int index = list.length; // 保存新增成绩插入位置
        System.out.println("请输入新增成绩： ");
        Scanner input = new Scanner(System.in);
        int num = input.nextInt(); // 输入要插入的数据
        // 找到新元素的插入位置
        for (int i = 0; i < list.length; i++) {
            if (num > list[i]) {
                index = i;
                break;
            }
        }
        // 元素后移
        for (int j = list.length - 1; j > index; j--) {
```

```
            list[j] = list[j - 1]; // index 下标开始的元素后移一个位置
        }
        list[index] = num;// 插入数据
        System.out.println("插入成绩的下标是： " + index);
        System.out.println("插入后的成绩信息是： ");
        for (int k = 0; k < list.length; k++) { // 循环输出目前数组中的数据
            System.out.print(list[k] + "\t");
        }
    }
}
```

程序运行结果如图 5.11 所示。

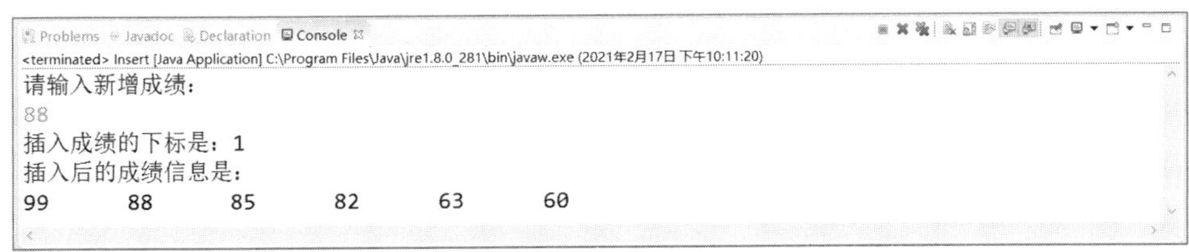


图 5.11　程序运行结果

从运行结果可以看出，插入成绩 88 以后，成绩依然是按降序排列的。

**小结：** 在实际开发中，数组应用非常广泛，本章只是抛砖引玉，讲解了几种常见的应用数组的情况。数组经常与选择结构、循环结构搭配来解决问题。大家需要多思考，举一反三，掌握使用数组解决问题的思路和方法。

## 5.3.5　技能训练

### 上机练习 3　字符逆序输出

**需求说明**

- 有一列乱序的字符：a，c，u，b，e，p，f，z，将其分别按照英文字母表升序和逆序输出。
- 程序运行结果如图 5.12 所示。

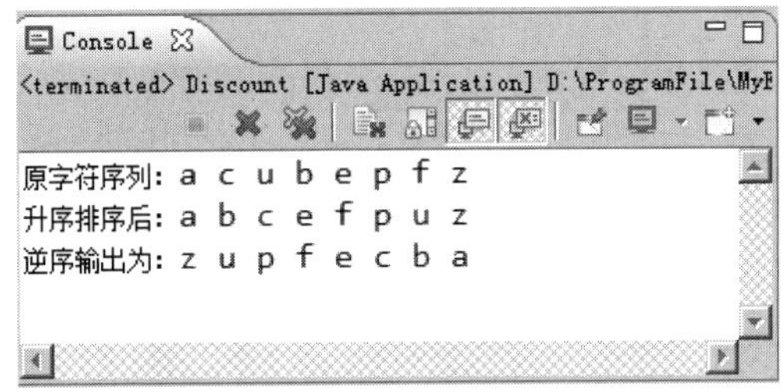


图 5.12　运行结果

提示

（1）创建数组，存储原字符序列。

（2）利用 Arrays 类的 sort()方法对数组进行排序，并循环输出。

（3）使用循环，从最后一个元素开始，将数组中的元素逆序输出。

## 上机练习 4 向有序字符序列中插入字符

### 需求说明

- 在上机练习 3 的基础上，向有序的字符序列 a，b，c，e，f，p，u，z 中插入一个新的字符，要求插入之后字符序列仍保持有序。
- 程序运行结果如图 5.13 所示。

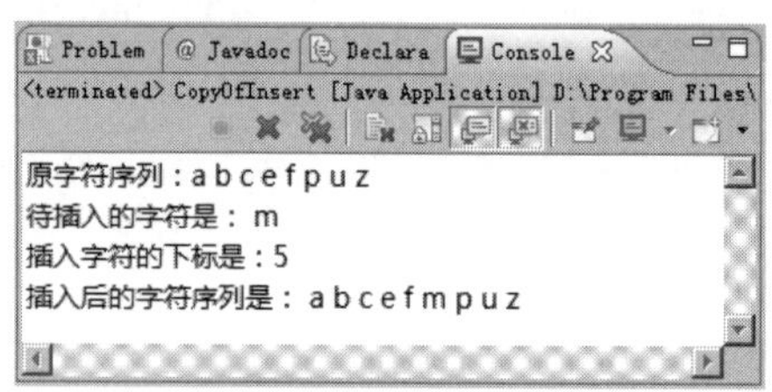


图 5.13 运行结果

提示

参考实现步骤如下：

（1）修改上机练习 3 代码，定义长度为 9 的数组，保存原字符序列。

（2）按上机练习 3 的方法实现字符序列排序。

（3）找到新增字符的插入位置。

（4）从插入位置开始的元素均后移一个位置。

（5）插入新的字符，并输出结果。

## 上机练习 5 求商品最低价格

### 需求说明

- 张三想买部手机，他询问了 4 家店的价格，分别是 3000 元、3150 元、2900 元和 2950 元，请编程求出最低价格。
- 程序运行结果如图 5.14 所示。

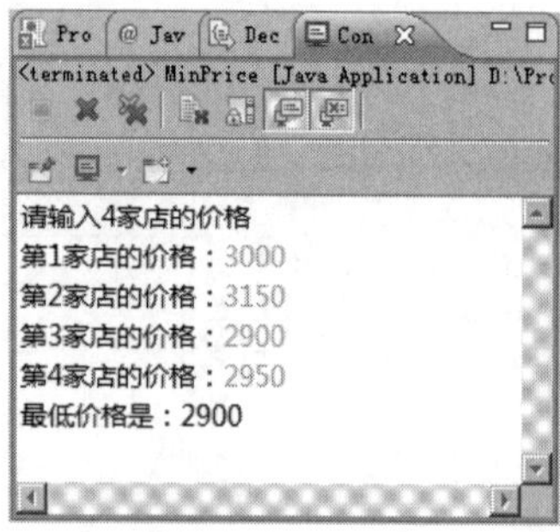


图 5.14 运行结果

提示

参考实现步骤如下：

（1）定义数组存储价格，并利用循环输入价格。

（2）定义变量 min，保存当前的最低价，初始值为第 1 家店的手机价格。

（3）利用循环，将 min 和数组中的其余元素依次比较，得到最低价格。

### 上机练习 6　求出圈顺序

**需求说明**

设有 N 个人围坐一圈并按顺时针方向从 1 到 N 编号，从第 S 个人开始从 1 到 M 报数，报数 M 的人出圈，再从他的下一个人重新开始从 1 到 M 报数，如此进行下去，每次报数 M 的人就出圈，直到所有人都出圈为止。给出这 N 个人的出圈顺序。

## 5.4　多维数组

虽然一维数组可以处理一般简单的数据，但是在实际的应用中仍显不足，所以 Java 语言提供了多维数组。但其实，Java 语言中并没有真正的多维数组，所谓多维数组，就是数组元素也是数组的数组。

### 5.4.1　如何使用二维数组

Java 中定义和操作多维数组的语法与一维数组类似。在实际应用中，三维及以上的数组很少使用，主要使用二维数组。

**语法**

```
数据类型[][] 数组名;
```

或

```
数据类型 数组名[][];
```

在语法中：

- 数据类型为数组元素的类型。
- “[][]”用于表明定义了一个二维数组，通过多个下标进行数据访问。

定义一个整型二维数组，关键代码如下：

```
int[][] scores;//定义二维数组
scores = new int[5][50]; //分配内存空间
```

```
//或
int[][] scores = new int [5][50];
```

需要强调的是，虽然从语法上看，Java 支持多维数组，但从内存分配原理的角度讲，Java 中只有一维数组，没有多维数组。或者说，表面上是多维数组，实质上都是一维数组。例如，定义一个整型二维数组，并为其分配内存空间：

```
int[][] s = new int[3][5];
```

该语句表面看起来是定义了一个二维数组，但是从内存分配原理角度讲，实际上是定义了一个一维数组。数组名是 s，包括 3 个元素，分别为 s[0]，s[1]，s[2]，每个元素均是整型数组类型，即一维数组类型：s[0]是一个数组的名称，包括 5 个元素，分别为 s[0][0]，s[0][1]，s[0][2]，s[0][3]，s[0][4]，每个元素都是整数类型；s[1]，s[2]与 s[0]的情况相同。其存储方式如图 5.15 所示。

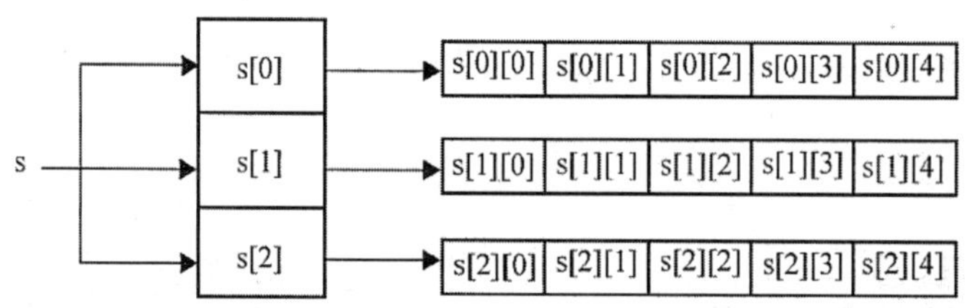


图 5.15　二维数组存储方式示意图

二维数组实际上是一个一维数组，它的每个元素又是一个一维数组。

## 5.4.2　二维数组及其使用

### 1．初始化二维数组

二维数组也可以进行初始化操作，与一维数组类似，同样采用如下两种方式（要注意花括号的结构及书写顺序）：

```
int[][] scores = new int[][]{{90,85,92,78,54},{76,63,80},{87}};
//或
int scores[][] = {{90,85,92,78,54},{76,63,80},{87}};
```

### 2．二维数组的遍历

**问题：**分别计算每个班级的学生总成绩。

**实现步骤：**

（1）初始化整型二维数组。

（2）定义保存总成绩的变量。

（3）使用 for 循环遍历二维数组。

【示例 9】　计算每个班级的学生总成绩

```
public class Demo09{
    public static void main(String[] args) {
        // 定义二维数组、分配空间、赋值
        int[][] array = new int[][]{{80,66}, {70,54,98}, {77,59}};
        int total;
        // 保存总成绩
        for (int i = 0; i < array.length; i++) {
            String str = (i + 1) + "班";
            total = 0;
            // 每次循环到此都将其归 0
            for (int j = 0; j < array[i].length; j++) {
                total += array[i][j];// 成绩叠加
            }
            System.out.println(str + "总成绩:" + total);
        }
    }
}
```

程序运行结果为：

```
1 班总成绩: 146
2 班总成绩: 222
3 班总成绩: 136
```

通过前面的介绍，使用二维数组计算并输出杨辉三角形，如示例 10 所示。

【示例 10】　输出杨辉三角形

```
public class Demo10{
    public static void main(String[] args) {
        int i, j;
        int level = 7;
        int[][] iaYong = new int[level][];
        System.out.println("杨辉三角形");
        for (i = 0; i < iaYong.length; i++){
            iaYong[i] = new int[i + 1];
        }
```

```
10          iaYong[0][0] = 1;
11          for (i = 1; i < iaYong.length; i++) {
12              iaYong[i][0] = 1;
13              for (j = 1; j < iaYong[i].length - 1; j++){
14                  iaYong[i][j] = iaYong[i - 1][j - 1] + iaYong[i - 1][j];
15              }
16                  iaYong[i][iaYong[i].length - 1] = 1;
17          }
18          for (int[] row : iaYong) {
19              for (int col : row){
20                  System.out.print(col + "  ");
21              }
22              System.out.println();
23          }
24      }
25 }
```

程序运行结果为：

```
杨辉三角形
1
1  1
1  2  1
1  3  3  1
1  4  6  4  1
1  5  10  10  5  1
1  6  15  20  15  6  1
```

该程序的第 4 行声明了一个 7 行的二维数组 iaYong，每行的列数由第 7～9 行的 for 循环来定义（第 11~17 行的 for 循环用于计算杨辉三角形并存入数组 iaYong 的相应元素中，其中的第 10 行和 16 行分别将第 i 行的第一个元素和最后一个元素置 1；第 13 行定义的内层 for 循环用于计算第 i 行的其他元素，其计算方法是第 14 行的循环体；第 18~23 行利用 foreach 循环将杨辉三角形输出。

### 5.4.3 三维以上的多维数组

通过对二维数组的学习不难发现，要想提高数组的维数，只要在声明数组的时候将下标与方括号再加一组即可，所以三维数组的声明为“int[][][] a;”，而四维数组为“int[][][][] a;”，以此类推。使用多维数组时，输入、输出的方式和一、二维数组相同，但是每多一维，嵌套循环的层数就必须多一层，所以维数越高的数组复杂度也就越高。

声明三维数组并赋初值，然后输出该数组的各元素，并计算各元素之和，如示例 11 所示。

【示例 11】　三维数组

```
public class Demo11{
    public static void main(String[] args) {
        int i, j, k, sum = 0;
        int[][][] a = { { { 1, 2 }, { 3, 4 } }, { { 5, 6 }, { 7, 8 } } };
        for (i = 0; i < a.length; i++){
            for (j = 0; j < a[i].length; j++){
                for (k = 0; k < a[i][j].length; k++) {
                    System.out.println("a["+i+"]["+j+"]["+k+"]="+a[i][j][k]);
                    sum += a[i][j][k];
                }
            }
        }
        System.out.println("sum=" + sum);
    }
}
```

程序运行结果为：

```
a[0][0][0]=1
a[0][0][1]=2
a[0][1][0]=3
a[0][1][1]=4
a[1][0][0]=5
a[1][0][1]=6
a[1][1][0]=7
a[1][1][1]=8
sum=36
```

该程序利用三层循环来输出三维数组的各元素并计算各元素之和。

## 5.4.4　技能训练

### 上机练习 7　随机点名器

**需求说明**

编写一个随机点名的程序，使其能够在全班同学中随机点取某一名同学的名字。随机点名器具备 3 个功能，包括存储全班同学姓名、总览全班同学姓名和随机点取其中一人姓名。比如，随机点名器首先分别向班级存入张飞、刘备和关羽这 3 位同学的名字，然后总览全班同学的姓名，打印出这 3 位同学的名字，最后在这 3 位同学中随机选择一位，并打印出该同学的名字，至此随机点名成功。

## 本章总结

- 数组是可以在内存中连续存储多个元素的结构，数组中的所有元素的数据类型必须相同。
- 数组是由若干个相同类型的变量按一定顺序排列所组成的数据结构，它们以一个共同的名字来表示。
- 数组的元素可以是基本类型或引用类型。根据存放元素的复杂程度，数组分为一维数组及多维数组。
- 要使用 Java 语言的数组，必须经过两个步骤：第一，声明数组；第二，分配内存给数组。
- 数组中的元素通过数组的下标进行访问，数组的下标从 0 开始。
- 可用一个循环为数组元素赋值，或者用一个循环输出数组中的元素信息。
- 在 Java 语言中，要取得数组的长度，也就是数组元素的个数，可以利用数组的.length 属性来完成。
- 如果想直接在声明时就给数组赋初值，则只要在数组的声明格式后面加上元素的初值即可。
- 利用 Arrays 类提供的 sort()方法可以方便地对数组中的元素进行排序。
- 二维数组实际上是一个一维数组，它的每个元素又是一个一维数组。
- Java 语言允许二维数组中每行的元素个数不相同。
- 在二维数组中，整个数组的行数或者某行元素的个数也可以利用.length 属性来取得。

## 本章作业

### 一、选择题

1．定义一个数组 String[] cities={"北京","上海","天津","重庆","武汉","广州","香港"}，数组中的 cities[6]指的是（　　）。

A. 北京　　B. 广州　　C. 香港　　D. 数组越界

2．下列数组初始化正确的是（　　）。（选择两项）

A. int score = {90, 12, 34, 77, 56};　　B. int[] score = new int[5];

C. int[] score = new int[5]{90, 12, 34, 77, 56};　　D. int score[] = new int[]{90,12,34,77,56};

3．在数组 int[] a ={45,4,67,23,65,87,34,52,56}中，a[5]的值为（　　）。

A. 23　　B. 45　　C.65　　D. 87

4．下面代码完成的功能是（　　）。

```
String[] a ={"我们","你好","小河边","我们","读书"};
for (int i=1; i<a.length ; i++){
    if (a[i].equals ("我们")){
        a[i]= "他们";
    }
}
```

A．查找　　B．查找并替换　　C．增加　　D．删除

5．声明一个数组：【】 a = new String[]{}，【】中应该填写的内容是（　　）。

A．int　　B．double　　C．String[]　　D．String

二、综合应用题

1．阅读以下代码，找出其中的错误。

```
String[] scores =new String[5]{"Mike", "Lily","Sunny", "Tenny", "Ana"};
    for (int i=0; i <= scores.length; i++){
        System.out.println(scores[i]);
}
```

2．依次输入 5 句话，然后将它们逆序输出。

3．某百货商场 8 名顾客的当日消费积分分别是 18，25，7，36，13，2，89，63，编写程序找出最低积分及它在数组中的原始位置（下标）。

提示

- 创建数组 points[]，存储 8 名顾客的积分。
- 定义变量 min，存储最低积分；定义变量 index，存储最低积分的下标。
- 假设第一个元素为最低积分，下标为 0。
- 遍历数组，将数组元素和 min 的值进行比较。

4．从键盘上输入 10 个整数，合法值为 1，2 或 3，不是这 3 个数则为非法数字。试编程统计每个整数和非法数字的个数。

提示

- 创建数组 nums[]，长度为 10，存储用户输入的数字。
- 创建数组 count[]，长度为 4，存储 3 个合法数字和非法数字的个数。
- 循环输入数字，利用 switch 判断数字的值，根据不同的值对数组 count[]中的不同元素值进行累加。

5．假设有一个长度为 5 的数组，如下所示：

```
int[] array = new int[]{1,3,-1,5,-2};
```

现创建一个新数组 newArray[]，要求新数组中元素的存放顺序与原数组中元素的逆序，并且如果原数组中的元素值小于 0，则在新数组中按 0 存储。试编程输出新数组中的元素。

提示

- 利用循环从原数组最后一个元素（下标为 array.lengh–1）开始处理，如果该元素的值小于 0，利用 continue 退出本次循环（整型数组中元素默认值为 0）。
- 如果该元素值大于 0，则将该元素复制到新数组合适的位置。原数组中下标为 i 的元素，在新数组中的下标为 array.length–i–1。
- 处理完成，利用循环输出新数组中的元素。

# 第 6 章 类和对象

## 本章目标

- ◎ 了解面向对象和面向过程的编程思想及其区别
- ◎ 理解类和对象的概念以及两者之间的关系
- ◎ 掌握类的成员变量和成员方法
- ◎ 掌握成员变量和局部变量的区别
- ◎ 掌握对象的创建过程和内存分析

## 本章简介

前面我们学习了程序设计的基本知识和流程控制语句。通过这些内容的学习，大家能够用 Java 语言进行程序设计，但这些程序的规模都很小，一般只有几十行代码。假设要编程解决一个很大的问题，需要写几万行代码。如果按照以前的做法，将这些代码都放在一个 Java 文件中，那么可以想象：这个文件非常冗长，而且很难维护。

因此，在下面的章节中，大家将看到 Java 程序设计的另一道风景——面向对象程序设计，英文缩写为 OOP。面向对象程序设计是一个里程碑，Alan Kay 因为设计了世界上第一个面向对象语言 Smalltalk 而获得图灵奖。Java 之父 James Gosling 结合互联网背景设计了完全面向对象的 Java 语言。本章将带领大家进入面向对象的世界，学习什么是对象和类，以及如何创建和使用类的对象。

## 技术内容

Java 是一种面向对象的程序设计语言，了解面向对象的编程思想对于学习 Java 开发非常重要。接下来的两章将为大家详细讲解如何使用面向对象的思想来实现 Java 程序的开发。

# 6.1 面向对象

## 6.1.1 面向对象概述

面向对象是一种符合人类思维习惯的编程思想。现实生活中存在各种形态不同的事物，这些事物之间存在着各种各样的联系。在程序中使用对象来映射现实中的事物，使用对象的关系来描述事物之间的联系，这种思想就是面向对象。

提到面向对象，自然会想到面向过程。面向过程编程的基本思想是：分析解决问题的步骤，使用方法实现每步相应的功能，按照步骤的先后顺序依次调用方法。前面章节中所展示的程序都以面向过程的方式实现。面向过程只考虑如何解决当前问题，它着眼于问题本身。

面向对象则是把构成问题的事物按照一定规则划分为多个独立的对象。面向对象编程着眼于角色以及角色之间的联系。使用面向对象编程思想解决问题时，开发人员首先会从问题之中提炼出问题涉及的角色，将不同角色各自的特征和关系进行封装，以角色为主体，为不同角度定义不同的属性和方法，以描述角色各自的属性与行为。当然，一个应用程序会包含多个对象，通过多个对象的相互配合即可实现应用程序所需的功能，这样当应用程序功能发生变动时，只需要修改个别的对象就可以了，从而使代码更容易维护。

## 6.1.2 面向对象的基本概念

在介绍如何实现面向对象之前，先普及一下面向对象涉及的概念。

### 1. 对象（Object）

从一般意义上讲，对象是现实世界中可描述的事物，它可以是有形的，也可以是无形的，从一本书到一家图书馆，从单个整数到繁杂的序列等都可以称为对象。对象是构成世界的一个独立单位，它由数据（描述事物的属性）和作用于数据的操作（体现事物的行为）构成一个独立整体。从程序设计者的角度看，对象是一个程序模块；从用户角度看，对象为他们提供所希望的行为。对象既可以是具体的物理实体的事物，也可以是人为的概念，如一名员工、一家公司、一辆汽车、一个故事等。

### 2. 类（Class）

俗话说“物以类聚”，从具体的事物中把共同的特征抽取出来，形成一般的概念称为“归类”。忽略事物的非本质特征，关注与目标有关的本质特征，找出事物间的共性，以抽象的手法构造一个概念模型，就是定义一个类。

### 3. 抽象（Abstract）

抽象是抽取特定实例的共同特征形成概念的过程，例如，抽取苹果、香蕉、梨、葡萄等的共同特征得出“水果”这个类，得出“水果”概念的过程就是抽象的过程。抽象主要是为了使复杂度降低，它强调主要特征，忽略次要特征，以得到较简单的概念，从而让人们能控制其过程或以综合的角度来了解许多特定的事态。

### 4. 封装（Encapsulation）

封装是面向对象的核心思想，也是面向对象程序设计最重要的特征之一。封装就是隐藏，它将数据和数据处理过程封装成一个整体，以实现独立性很强的模块。将对象的属性和行为封装起来，不需要让外界知道具体实现细节，这就是封装思想。封装避免了外界直接访问对象属性而造成耦合度过高及过度依赖的情况，同时也阻止了因外界对对象内部数据的修改而可能引发的不可预知错误。例如，用户使用计算机，只需要使用手指敲键盘就可以了，无须知道计算机内部是如何工作的，即使用户可能碰巧知道计算机的工作原理，但在使用时并不依赖计算机工作原理。

### 5. 继承（Inheritance）

继承主要描述的就是类与类之间的关系。通过继承，可以在无须重新编写原有类的情况下，对原有类的功能进行扩展。例如，有一个汽车类，该类中描述了汽车的普通属性和功能。而轿车类中不仅应该包含汽车的属性和功能，还应该增加轿车特有的属性和功能，这时，可以让轿车类继承汽车类，在轿车类中单独添加轿车特有的属性和功能就可以了。继承不仅增强了代码的复用性，提高了开发效率，还为程序的维护、扩展提供了便利。

### 6. 多态（Polymorphism）

多态指的是在一个类中定义的属性和功能被其他类继承后，当把子类对象直接赋值给父类引用变量时，相同引用类型的变量调用同一个方法所呈现出的多种不同行为特性。面向对象的多态特性使得开发更科学、更符合人类的思维习惯，能有效地提高软件开发效率，缩短开发周期，提高软件可靠性。例如，当听到 cut 这个单词时，理发师的行为表现是剪发，演员的行为表现是停止表演等。不同的对象，所表现的行为是不一样的。

封装、继承、多态是面向对象程序设计的三大特征，它们的简单关系如图 6.1 所示。

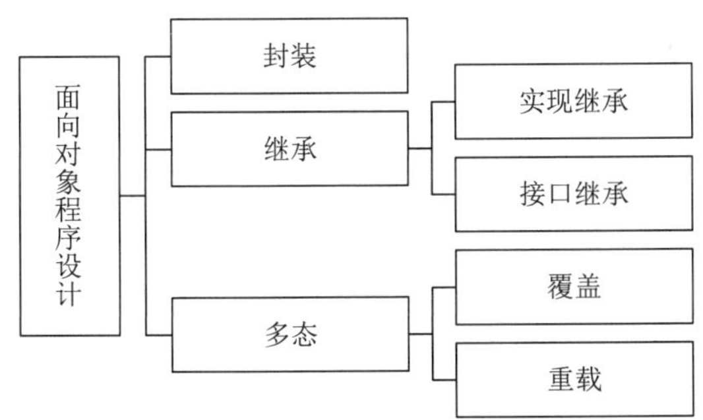


图 6.1　面向对象程序设计的三大特征

这三大特征适用于所有的面向对象语言。深入了解这些特征，是掌握面向对象程序设计思想的关键。只凭上面的介绍是无法让初学者真正理解面向对象思想的，只有通过大量的实践练习和思考，才能真正领悟面向对象思想。

## 6.2 类与对象

### 6.2.1 对象

世界是由什么组成的？化学家可能会说："世界是由分子、原子、离子等组成的。"画家可能会说："世界是由不同的颜色组成的。"不同的人会有不同的回答。如果你是一个分类学家，你会说："世界是由不同类别的事物组成的。"

其实，这个问题本身就比较抽象。物以类聚，所以可以说世界是由不同类别的事物构成的。如图 6.2 所示，世界由动物、植物、物品、人和名胜等组成。动物可以分为脊椎动物和无脊椎动物，脊椎动物又可以分为哺乳类、鱼类、爬行类、鸟类和两栖类，爬行类又可以分为有足类和无足类……当提到某一个分类时，就可以找到属于该分类的一个具体的事物。例如，乌龟属于爬行类中的有足类，眼镜蛇属于爬行类中的无足类。当我们提到这些具体动物时，脑海中会浮现出它们的形象。这些现实世界中客观存在的事物就称为对象。在 Java 的世界中，"万物皆对象"。学习面向对象编程，我们要站在分类学家的角度去思考问题，根据要解决的问题对事物进行分类。

图 6.2 世界的组成

分类是人们认识世界的一个很自然的过程，人们在日常生活中会不自觉地进行分类。例如，我们可以将垃圾分为可回收的和不可回收的，将交通工具分为车、船、飞机等。分类就是以事物的性质、特点、用途等作为区分的标准，将符合同一标准的事物归为一类，不同的则分开。例如，上文对动物的分类中，根据动物有无脊椎可分为脊椎动物和无脊椎动物；根据动物是水生还是陆生可分为水生动物和陆生动物。因此，在实际应用中，我们要根据待解决问题的需要，选择合适的标准或角度对问题中出现的事物进行分类。

### 1. 身边的对象

现实世界中客观存在的任何事物都可以被看作对象。对象可以是有形的，如一辆汽车；也可以是无形的，如一项计划。因此，对象无处不在。Java 是一种面向对象的编程语言（Object Oriented Programming Language，OOPL），因此我们要学会用面向对象的思想考虑问题和编写程序。在面向对象的编程语言中，对象是用来描述客观事物的一个实体。用面向对象的方法解决问题时，首先要对现实世界中的对象进行分析与归纳，找出哪些对象是与要解决的问题相关的。

下面以超市中的两个对象为例，分析我们身边的对象。如图 6.3 所示，张浩在超市购物后要刷卡结账，收银员李明负责收款并打印账单，在这个问题中，张浩和李明就是我们所关心的对象。下面选择一个角度对他们进行分类，如两人的角色不同，张浩是顾客，而李明是收银员，因此可以说，张浩是“顾客”对象，而李明是“收银员”对象。

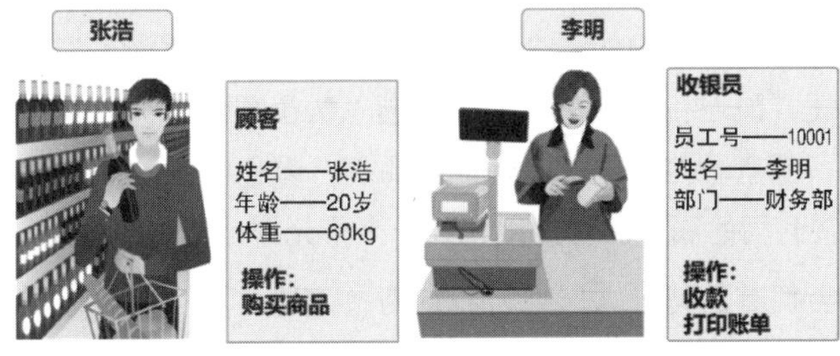


图 6.3　“顾客”对象和“收银员”对象

既然他们都是对象，那么如何区分呢？其实，每一个对象都有自己的特征，包括静态特征和动态特征。静态特征是可以用某些数据来描述的特征，如人的姓名、年龄等；动态特征是对象所表现的行为或对象所具有的功能，如购物、收款等。根据上面的例子，可以得到表 6.1。

表 6.1　不同对象的静态特征和动态特征

| 对象 | 静态特征 | 静态特征的值 | 动态特征 |
|---|---|---|---|
| “顾客”对象<br>张浩 | 姓名 | 张浩 | 购买商品 |
| | 年龄 | 20 岁 | |
| | 体重 | 60kg | |
| “收银员”对象<br>李明 | 员工号 | 10001 | 收款<br>打印账单 |
| | 姓名 | 李明 | |
| | 部门 | 财务部 | |

通过表 6.1 可以看到，不同类别中的对象具有不同的静态特征和动态特征。如果要将上面的信息存储在计算机中，该如何做呢？

### 2. 对象的属性和方法

通过超市购物的例子可以看到，正是因为对象拥有了静态特征和动态特征，才使得他们与众不同。在面向对象的编程思想中，对象的静态特征和动态特征分别称为对象的属性和方法，它们是构成对象的两个主要因素。其中，属性是用来描述对象静态特征的一个数据项，该数据项的值即属性值。例如，在上面的例子中，“顾客”对象有一个属性是“姓名”，属性值是“张浩”。而方法是用来描述对象动态特征（行为）的一个动作序列。例如，“收银员”对象的行为有“收款”和“打印账单”，这些都是对象的方法。

在编程中，对象的属性被存储在变量里，如可以将“姓名”存储在一个字符串类型的变量中，将“员工号”存储在一个整型变量中。对象的行为则通过定义方法来实现，如“收款”“打印账单”都可以定义为方法。

综上所述，**对象**是用来描述客观事物的实体，由一组属性和方法构成。

### 6.2.2 类

前文提到了一位顾客——张浩，但在现实世界中有很多顾客：张三、李四、王五等，因此“张浩”只是“顾客”这一类人中的一个实例；又如，“法拉利跑车”是一个对象，但现实世界中还有奔驰、保时捷、凯迪拉克等车，因此这辆“法拉利跑车”只是“车”这一类别中的一个实例。不论哪种车，都有一些共同的属性，如品牌、颜色等；也有一些共同的行为，如发动、加速、刹车等。将这些共同的属性和行为组织到一个单元中，就得到了类。

类定义了对象将会拥有的特征（属性）和行为（方法）。类的属性是对象所拥有的静态特征。例如，所有顾客都有姓名，因此“姓名”可以称为“顾客”类的属性，只是不同对象的这一属性值不同，如顾客张三和顾客李四的姓名不同。

对象执行的操作称为类的方法。例如，所有顾客都有购物行为，因此“购物”就是“顾客”类的一个方法。

### 6.2.3 类和对象的关系

了解了类和对象的概念后，便会发现它们之间既有区别又有联系。例如，图 6.4 所示的为用模具制作球状冰淇淋的情形。

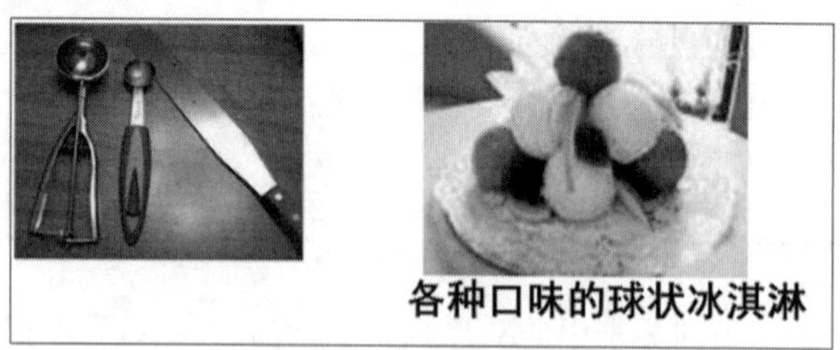


图 6.4 制作球状冰淇淋

制作球状冰淇淋的模具是类，它定义了如下信息（属性）：

- 球的半径。
- 冰淇淋的口味。

使用这个模具做出来的不同大小和口味的冰淇淋是对象。在 Java 面向对象编程中，就用这个类创建类的一个实例，即创建类的一个对象。

汽车是人类出行所使用的交通工具之一，厂商在生产汽车之前会先分析用户需求、设计汽车模型、制作设计图样。设计图样描述了汽车的各种属性与功能，例如，汽车应该有方向盘、发动机、加速器等部件，也应能执行制动、加速、倒车等操作。设计图样通过之后，工厂再依照图样批量生产汽车。汽车的设计图样和产品之间的关系如图 6.5 所示。

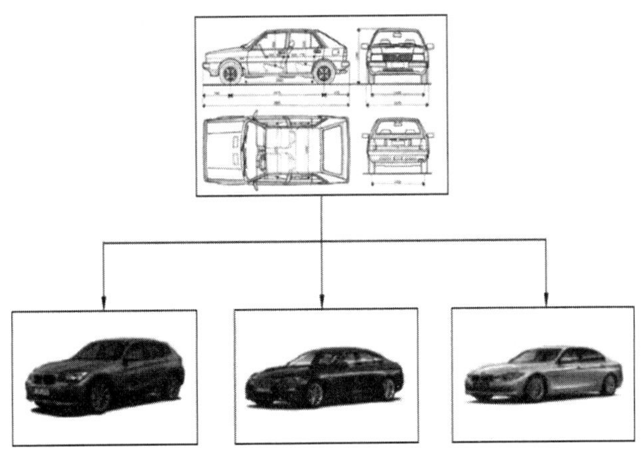

图 6.5　汽车的设计图样和产品之间的关系

图 6.5 中汽车的设计图样可以视为一个类，批量生产的汽车可以视为对象，由于按照同一图样生产，因此这些汽车对象具有许多共性。

类与对象的关系就如同模具和用这个模具制作出来的物品之间的关系。一个类为它的全部对象给出了一个统一的定义，而它的每个对象则是符合这种定义的一个实体。因此，类和对象的关系就是抽象和具体的关系。类是多个对象进行综合抽象的结果，是实体对象的概念模型；而一个对象是类的一个实例。图 6.6 展示了现实世界中的实体、大脑的概念世界中的抽象概念与程序运行的计算机世界中的类和对象的关系。

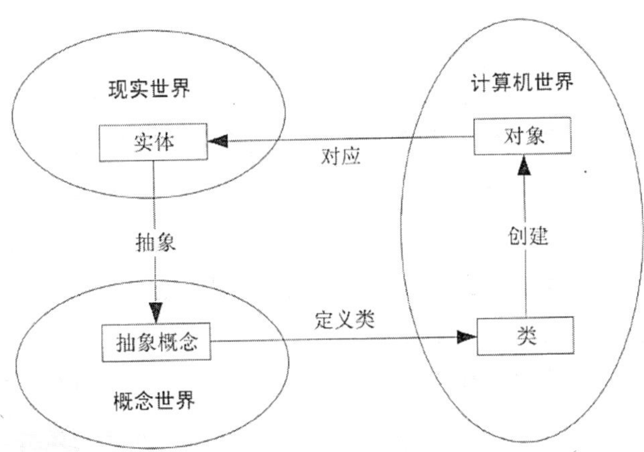


图 6.6　现实世界中的实体、概念世界中的抽象概念与计算机世界中的类和对象的关系

在现实世界中，有一个个具体的实体。以超市为例，在超市中有很多顾客——张三、李四、王五等，而“顾客”这个角色就是在我们大脑的概念世界中形成的“抽象概念”。当需要把顾客这一“抽象概念”定义到计算机中时，就形成了“计算机世界”中的“类”，即上面所讲的类。而用类创建的一个实例就是“对象”，它和“现实世界”中的“实体”是一一对应的。

### 6.2.4 类是对象的类型

到目前为止，我们已经学习了很多数据类型，如整型（int）、双精度浮点型（double）、字符型（char）等。这些都是 Java 语言已经定义好的类型，编程时只需要用这些类型声明变量即可。

那么，顾客“张浩”的类型是什么呢？是字符型还是字符串型？其实都不是。“张浩”的类型就是“顾客”，也就是说，类就是对象的类型。事实上，定义类就是抽取同类实体的共性自定义的一种数据类型，例如，“顾客”类、“人”类、“动物”类等。

## 6.3 Java是面向对象的语言

在面向对象的思想中，最核心的就是对象。为了在程序中创建对象，首先需要定义一个类。类是对象的抽象，它用于描述一组对象的共同特征和行为，例如人都有姓名、年龄、性别等特征，还有学习、工作、购物等行为。以面向对象的思想编程，可以将某一类中共同的特征和行为封装起来，把共同特征作为类的属性（也叫成员变量），把共同行为作为类的方法（也叫成员方法）。本节将对 Java 中类的定义格式、类的成员变量和成员方法进行详细讲解。

在面向对象程序设计中，类是程序的基本单元。Java 是完全面向对象的编程语言，所有程序都是以类为单元组织的。回想自己写过的每个程序，基本框架是不是都如示例 1 所示的那样？

【示例 1】 HelloWorld.java

```
public class HelloWorld{
    public static void main(String[] args){
        System.out.println("Hello  World!!!");
    }
}
```

分析示例 1，程序框架最外层的作用就是定义了一个类 HelloWorld，第 1 章曾提到过，HelloWorld 是一个类名，原因就在于此。

### 6.3.1 Java的类模板

学习了类、对象的相关知识，那么如何在 Java 中描述它们呢？Java 中的类将现实世界中的概念模拟到计算机中，因此需要在类中描述类所具有的属性和方法。Java 的类模板如下。

语法

```
public class <类名> {
    //定义属性部分
    属性 1 的类型 属性 1;
    属性 2 的类型 属性 2;
    ...
    属性 3 的类型 属性 3;

    //定义方法部分
    方法 1;
    方法 2;
    ...
    方法 n;
}
```

在 Java 中要创建一个类，需要使用一个 class、一个类名和一对花括号。其中，class 是创建类的关键字，在 class 前有一个 pubic，表示“公有”的意思，编写程序时要注意编码规范，不要漏写 public。在 class 关键字的后面要给定义的类命名，然后写上一对花括号，类的主体部分就写在花括号中。类似于变量的命名，类的命名也要遵循一定的规则：

- 不能使用 Java 中的关键字。
- 不能包含任何嵌入的空格或点号“.”以及除下画线“_”、字符“$”外的特殊字符。
- 不能以数字开头。
- 类名通常由多个单词组成，每个单词的首字母大写。
- 类名应该简洁而有意义，尽量使用完整单词，避免使用缩写词，除非该缩写词已被广泛使用，如 HTML，HTTP，IP 等。

## 6.3.2　如何定义类

类定义了对象将会拥有的属性和方法。定义一个类的步骤如下。

### 1. 定义类名

通过定义类名，得到程序最外层的框架。

语法

```
public class 类名{
}
```

### 2. 编写类的属性

通过在类的主体中定义变量来描述类所具有的静态特征（属性），这些变量称为类的成员变量。例如，一个人的基本属性特征有姓名、年龄、职业、住址等，在类中要使用姓名、年龄等信息时，就需要先将它们声明（定义）为成员变量。声明（定义）成员变量的语法格式如下。

**语法**

```
[修饰符] 数据类型 变量名[ = 值];
```

在上述语法格式中，修饰符为可选项，用于指定变量的访问权限，其值可以是 public、private 等；数据类型可以为 Java 中的任意类型；变量名是变量的名称，必须符合标识符的命名规则，它可以赋予初始值，也可以不赋值。通常情况下，将未赋值（没有被初始化）的变量称为声明变量，而将赋值（初始化）的变量称为定义变量。

例如，姓名和年龄属性在类中的声明和定义方式如下：

```
private String name;                // 声明 String 类型的 name
private int age = 20;               // 定义 int 类型的 age，并赋值为 20
```

### 3. 编写类的方法

通过在类中定义方法来描述类所具有的行为，这些方法称为类的成员方法。成员方法也被称为方法，类似于 C 语言中的函数，主要用于描述对象的行为。一个人的基本行为特征有吃饭、睡觉、运动等，这些行为在 Java 类中就可以定义成方法。定义方法的语法格式如下。

**语法**

```
[修饰符] [返回值类型] 方法名([参数类型 参数名 1,参数类型 参数名 2,…]){
    //方法体
    ...
    return 返回值; //当方法的返回值类型为 void 时，return 及其返回值可以省略
}
```

在上面的语法格式中，[]中的内容为可选的，各部分的具体说明如下：

- **修饰符**　方法的修饰符比较多，有对访问权限进行限定的（如 public，protected，private），还有静态修饰符 static、最终修饰符 final 等，这些修饰符在后面的学习过程中会逐步讲解。
- **返回值类型**　用于限定方法返回值的数据类型，如果不需要返回值，可以使用 void 关键字。
- **参数类型**　用于限定调用方法时传入参数的数据类型。
- **参数名**　是一个变量，用于接收调用方法时传入的数据。
- **return 关键字**　用于结束方法以及返回方法指定类型的值，当方法的返回值类型为 void 时，return 及其返回值可以省略。
- **返回值**　被 return 语句返回的值，该值会返回给调用者。

在上述语法中，{}之前的内容被称为方法签名（或方法头），而{}中的执行语句被称为方法体。需要注意的是，方法签名中的“[参数类型 参数名 1, 参数类型 参数名 2,…]”被称作参数列表，用于描述方法在被调用时需要接收的参数，如果方法不需要接收任何参数，则参数列表为空，即()内不写任何内容。上述语法结构中的修饰符将在后面进行逐一讲解，这里读者只需了解如何定义类、成员变量和成员方法即可。

了解了类及其成员的定义方式后，接下来通过一个具体的案例来演示类的定义，如示例 2 所示。

【示例 2】 Person.java

```
public class Person {
    int age;          // 声明 int 类型的变量 age
    // 定义 speak() 方法
    void speak() {
        System.out.println("我今年" + age + "岁了!");
    }
}
```

示例 2 中定义了一个 Person 类，并在类中定义了类的成员变量和成员方法。其中，Person 是类名，age 是类的成员变量，speak()是类的成员方法。在成员方法 speak()中可以直接访问成员变量 age。

访问修饰符限制了访问该方法的范围，如 public。还有其他的访问修饰符，会在以后学习。返回值类型是方法执行后返回结果的类型，这个类型可以是基本类型或者引用类型；也可以没有返回值，此时必须使用 void 来描述。方法名一般为一个有意义的名字，用于描述该方法的作用，应符合标识符的命名规则。

### 6.3.3 对象的创建与使用

应用程序想要完成具体的功能，仅有类是远远不够的，还需要根据类创建实例对象。定义好了 Person 类，下面就可以根据定义的模板创建对象了。类的作用就是创建对象。由类生成对象，称为类的实例化过程。一个实例也就是一个对象，一个类可以生成多个对象。在 Java 程序中，可以使用 new 关键字来创建对象，具体语法格式如下：

```
类名 对象名称 = new 类名();
```

例如，创建 Person 类的实例对象的代码如下：

```
Person p = new Person();
```

上面的代码中，“new Person()”用于创建 Person 类的一个实例对象，“Person p”则是声明了一个 Person 类型的变量 p。中间的等号用于将 Person 类对象在内存中的地址赋值给变量 p，这样变量 p 便持有了对象的引用。为了便于描述，本书接下来的章节通常会将变量 p 引用的对象简称为 p 对象。在内存中，变量 p 和对象之间的引用关系如图 6.7 所示。

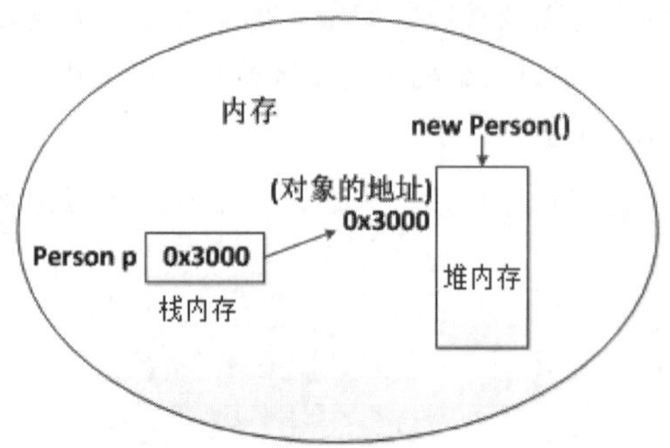


图 6.7 变量 p 和对象之间的引用关系

从图 6.7 可以看出，在创建 Person 类对象时，程序会占用两块内存区域，分别是栈内存和堆内存。其中，Person 类型的变量 p 被存放在栈内存中，它是一个引用，会指向真正的对象；通过 new Person()创建的对象则放在堆内存中，这才是真正的对象。

提示

Java 将内存分为两种，即栈内存和堆内存。其中，栈内存用于存放基本类型的变量和对象的引用变量（如 Person p），堆内存用于存放由 new 创建的对象和数组。

在 Java 中，要引用对象的属性和方法，需要使用“.”操作符。其中，对象名在圆点的左边，属性或方法的名称在圆点的右边。在创建 Person 类对象后，可以通过对象的引用来访问对象所有的成员，具体格式如下：

```
对象名.属性              //引用对象的属性
对象名.方法名()          //引用对象的方法
```

接下来通过一个案例来学习如何访问对象的成员，如示例 3 所示。

【示例 3】 PersonTest.java

```
package com.test;
public class PersonTest{
    public static void main(String[] args) {
        Person p1 = new Person(); // 创建第一个 Person 类对象
        Person p2 = new Person(); // 创建第二个 Person 类对象
        p1.age = 18;              // 为 age 属性赋值
        p1.speak();               // 调用对象的方法
        p2.speak();
    }
}
```

运行结果如下：

```
我今年 18 岁了！
我今年 0 岁了！
```

在示例 3 中，p1，p2 分别引用了 Person 类的两个实例对象。程序运行期间，p1，p2 引用的对象在内存中的状态如图 6.8 所示。从图 6.8 可以看出，p1 和 p2 对象在调用 speak()方法时，打印的 age 值不同。这是因为 p1 对象和 p2 对象是两个完全独立的个体，它们分别拥有各自的 age 属性，对 p1 对象的 age 属性进行赋值并不会影响 p2 对象的 age 属性的值。

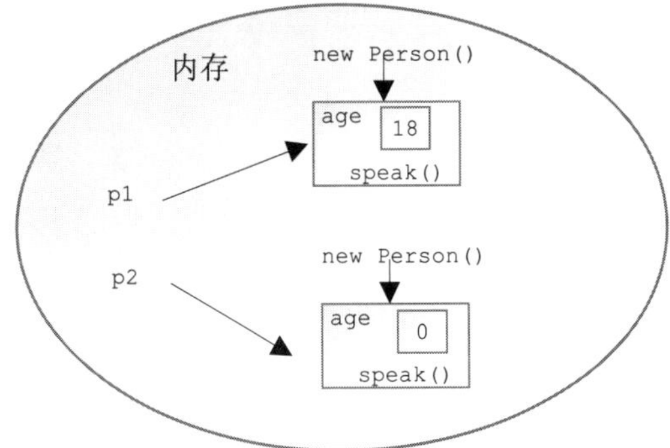


图 6.8　p1，p2 对象在内存中的状态

提示

在实际情况下，除了可以使用示例 3 中介绍的对象引用来访问对象成员，还可以直接使用创建的对象本身来引用对象成员，具体格式如下：

```
new 类名().对象成员
```

这种方式在通过 new 关键字创建实例对象的同时访问对象的某个成员，并且在创建后只能访问其中某一个成员，而不能像对象引用那样访问多个对象成员。同时，由于没有对象引用的存在，在完成某一个对象成员的访问后，该对象就会变成垃圾对象。所以，在实际开发中，创建实例对象时多数会使用对象引用。

在示例 3 中，通过“p1.age=18”将 p1 对象的 age 属性赋值为 18，但并没有对 p2 对象的 age 属性进行赋值，按理说 p2 对象的 age 属性应该是没有值的。但从图 6.8 所显示的运行结果可以看出，p2 对象的 age 属性也是有值的，其值为 0。这是因为在实例化对象时，Java 虚拟机会自动为成员变量进行初始化，针对不同类型的成员变量赋予不同的初始值，如表 6.2 所示。

表 6.2　成员变量的初始化值

| 成员变量类型 | 初始值 |
| --- | --- |
| byte、short、int、long | 0 |
| float、double | 0.0 |
| char | 一个空字符，即'\u0000' |
| boolean | false |
| 引用数据类型 | null，表示变量不引用任何对象 |

当对象被实例化后，在程序中可以通过对象的引用变量来访问该对象的成员。需要注意的是，当没有任何变量引用这个对象时，它将成为垃圾对象，不能再被使用。接下来通过两段程序代码来分析对象是如何成为垃圾对象的。

第一段程序代码：

```
{
    Person p1 = new Person();
    ...
}
```

上面的代码中，使用变量 p1 引用了一个 Person 类型的对象。当这段代码运行完毕时，变量 p1 就会因超出其作用域而被销毁，这时 Person 类型的对象将因为没有被任何变量所引用而变成垃圾对象。

第二段程序代码：

```
{
    Person p2 = new Person();
    ...
    p2 = null;
    ...
}
```

上面的代码中，使用变量 p2 引用了一个 Person 类型的对象，接着将变量 p2 的值置为 null，表示该变量不指向任何一个对象，被 p2 所引用的 Person 对象就会失去引用，成为垃圾对象，如图 6.9 所示。

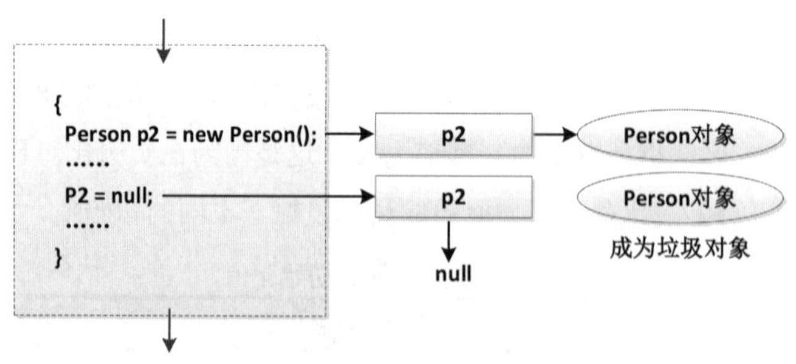


图 6.9 垃圾对象

### 6.3.4 访问控制符

在 Java 中，针对类、成员方法和属性提供了 4 种访问控制级别，分别是 private，default，

protected 和 public。接下来通过一个图将这 4 种访问控制级别由小到大依次列出，如图 6.10 所示。

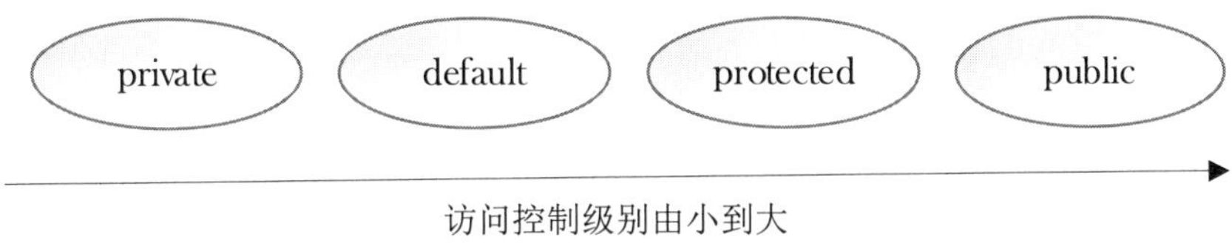


图 6.10　访问控制级别

图 6.10 展示了 Java 中的 4 种访问控制级别，具体介绍如下：

- **private（当前类访问级别）**　如果类的成员由 private 访问控制符修饰，则这个成员只能被该类的其他成员访问，其他类无法直接访问。类的良好封装就是通过 private 关键字来实现的。
- **default（包访问级别）**　如果一个类或者类的成员不使用任何访问控制符修饰，则称它为默认访问控制级别，这个类或者类的成员只能被本包中的其他类访问。
- **protected（子类访问级别）**　如果一个类的成员由 protected 访问控制符修饰，那么这个成员既能被同一包下的其他类访问，也能被不同包下该类的子类访问。
- **public（公共访问级别）**　这是一个最宽松的访问控制级别，如果一个类或者类的成员由 public 访问控制符修饰，那么这个类或者类的成员能被所有的类访问，而不管访问类与被访问类是否在同一个包中。

接下来通过表 6.3 将这 4 种访问控制级别更加直观地表示出来。

表 6.3　访问控制级别

| 访问范围 | private | default | protected | public |
|---|---|---|---|---|
| 同一类中 | √ | √ | √ | √ |
| 同一包中 | | √ | √ | √ |
| 子类中 | | | √ | √ |
| 全局范围 | | | | √ |

**提示**

如果一个 Java 源程序中定义的所有类都没有使用 public 修饰，那么这个 Java 源程序的文件名可以是一切合法的文件名；如果一个源程序中定义了一个 public 修饰的类，那么这个源程序的文件名必须与 public 修饰的类的类名相同。

### 6.3.5　综合示例

下面通过一个例子来巩固类的使用。

**问题：**一个景区根据游人的年龄收取不同价格的门票，其中，大于 60 岁或小于 18 岁免费，

18~60 岁 20 元。请编写游人（Visitor）类，根据年龄段决定能够购买的门票价格并输出。用户输入 n，则退出程序。

**分析**：首先要找出与要解决问题有关的对象并抽象出类。很明显，根据要解决的问题，可以定义游人类，该类有姓名和年龄两个属性。让用户输入年龄，利用选择结构解决问题，如示例 4 所示。

【示例 4】 Visitor.java

```
import java.util.Scanner;

public class Visitor {
    String name;     //姓名
    int age;         //年龄

    public void show(){
        Scanner input = new Scanner(System.in);
        while(!"n".equals(name)){
            if(age>=18 && age<=60){          //判断年龄
                System.out.println(name + "的年龄为：" + age + "，门票价格为：20 元\n" );
            }else{
                System.out.println(name + "的年龄为：" + age + "，门票免费\n");
            }
            System.out.print("请输入姓名：");
            name = input.next();//给 name 属性赋值
            if(!"n".equals(name)){
                System.out.print("请输入年龄：");
                age = input.nextInt();//给 age 属性赋值
            }
        }
        System.out.print("退出程序");
    }
}
```

输出门票信息，如示例 5 所示。

【示例 5】 InitialVistor.java

```
import java.util.Scanner;
public class InitialVistor {
    public static void main(String[] args) {
        Scanner input = new Scanner(System.in);
        Visitor v = new Visitor();          //创建对象
        System.out.print("请输入姓名：");
```

```
            v.name = input.next();//给 name 属性赋值
            System.out.print("请输入年龄：");
            v.age = input.nextInt();            //给 age 属性赋值
            v.show();                           //调用显示信息方法
        }
    }
```

示例 5 的运行结果如下：

```
请输入姓名：张三
请输入年龄：18
张三的年龄为：18，门票价格为：20 元

请输入姓名：李四
请输入年龄：12
李四的年龄为：12，门票免费

请输入姓名：n
退出程序
```

为了程序演示的方便，示例 4~5 中的代码使用了循环，当用户输入 n 时退出程序。

### 6.3.6 面向对象的优点

前面我们了解了类和对象，也学习了如何定义类、创建对象和使用对象，下面总结面向对象的优点，具体如下：

- **与人类的思维习惯一致** 面向对象从人类考虑问题的角度出发，把人类解决问题的思维过程转变为程序能够理解的过程。面向对象程序设计能够让我们使用“类”来模拟现实世界中的抽象概念，用“对象”来模拟现实世界中的实体，从而用计算机解决现实问题。
- **隐藏信息，提高了程序的可维护性和安全性** 封装实现了模块化和信息隐藏，即将类的属性和行为封装在类中，这保证了对它们的修改不会影响到其他对象，有利于维护。同时，封装使得在对象外部不能随意访问对象的属性和方法，避免了外部错误对它的影响，提高了安全性。
- **提高了程序的可重用性** 一个类可以创建多个对象实例，增加了重用性。

面向对象程序设计还有其他优点，在以后的学习中会慢慢介绍。相信通过不断实践，会不断加深。

## 6.4 技能训练

### 上机练习 1 定义管理员类

**需求说明**

编写管理员类，其属性包括用户名、密码；方法为 show()，显示输出管理员信息。

提示

定义管理员类 Administrator，然后定义属性和方法。

### 上机练习 2 定义客户类

**需求说明**

编写客户类，其属性包括积分、卡类型；方法为 show()，显示输出客户信息。

提示

定义客户类 Customer，然后定义属性和方法。

### 上机练习 3 创建管理员对象

**需求说明**

创建两个管理员对象，输出他们的相关信息。程序运行结果如图 6.11 所示。

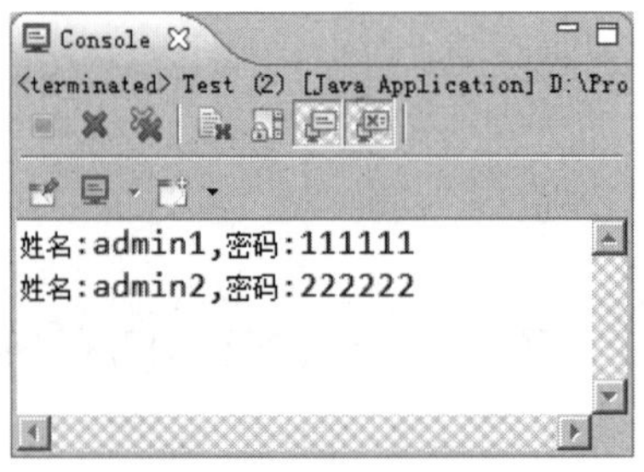


图 6.11 上机练习 3 的运行结果

提示

（1）利用 new 关键字创建两个管理员对象。
（2）分别给这两个对象赋值并调用显示方法。

### 上机练习 4 更改管理员密码

**需求说明**

输入旧的用户名和密码，如果正确，才有权限更新。

从键盘上获取新的密码，进行更新。

程序运行结果如图 6.12 所示。

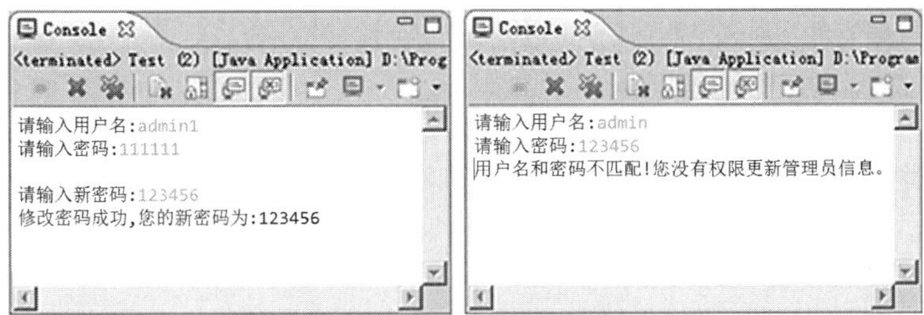


图 6.12　上机练习 4 的运行结果

提示

（1）输入旧的用户名和密码。

（2）判断用户输入的用户名和密码是否正确，如果正确，则提示输入新密码，修改管理员密码；否则，提示无权限修改密码。

## 上机练习 5　客户积分回馈

### 需求说明

实现积分回馈功能：金卡客户大于 1000 积分或普卡客户大于 5000 积分，获得 500 回馈积分。创建客户对象（金卡会员，积分为 3050 分），输出他得到的回馈积分。程序运行结果如图 6.13 所示。

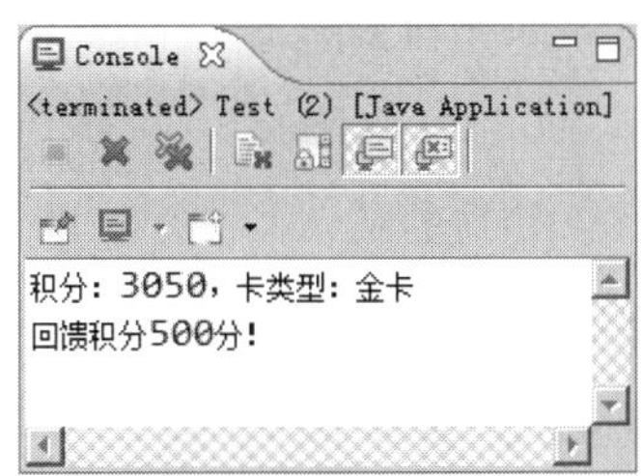


图 6.13　上机练习 5 的运行结果

提示

- 使用 new 关键字创建客户对象，并调用 show()方法输出客户信息。
- 使用 if 语句实现分支判断。

## 本章总结

- 对象用来描述客观事物的实体，由一组属性和方法构成。
- 类定义了对象将会拥有的特征（属性）和行为（方法）。
- 类和对象的关系是抽象和具体的关系。类是对象的类型，对象是类的实例。
- 对象的属性和方法被共同封装在类中，相辅相成，不可分割。
- 面向对象程序设计的优点如下：

  ◎　与人类的思维习惯一致。

◎ 隐藏信息，提高了程序的可维护性和安全性。
◎ 提高了程序的可重用性。

➢ 使用类的步骤如下：

◎ **定义类** 使用关键字 class。
◎ **创建类的对象** 使用关键字 new。
◎ **使用类的属性和方法** 使用“.”操作符。

## 本章作业

### 一、选择题

1．（ ）是拥有属性和方法的实体。(选择两项)

A．对象 B．类 C．方法 D．类的实例

2．对象的静态特征在类中表示为变量，称为类的（ ）。

A．对象 B．属性 C．方法 D．数据类型

3．下列关键字中，用于创建类的实例对象的是（ ）。

A．class B．new C．private D．void

4．下列关于类和对象的说法中，错误的是（ ）。

A．类是对象的类型，它封装了数据和操作

B．类是对象的集合，对象是类的实例

C．一个类的对象只有一个

D．一个对象必属于某个类

5．下列关于类的说法中，错误的是（ ）。

A．Java 中创建类的关键字是 class

B．类中可以有属性与方法，属性用于描述对象的特征，方法用于描述对象的行为

C．Java 中对象的创建，首先需要定义出一个类

D．一个类只能创建一个对象

### 二、简答题

简述什么是类和对象以及二者之间的关系。

### 三、综合应用题

1．车都具备名字、颜色两个属性，还具备跑的功能。请设计一个汽车类 Car，该类中包含两个属性：名字（name)、颜色（color），一个用于描述汽车跑的 run()方法。

2．使用面向对象的思想编写一个计算器类（Calculator），实现两个整数的加、减、乘、除运算。写出你的思路。

提示

首先从该问题中抽象出类，然后找到它具有的属性和方法。

3．假设当前时间是 2020 年 12 月 22 日 10 点 11 分 00 秒，编写一个 CurrentTime 类。设置属性为该时间，定义 show()方法显示该时间。

提示

定义属性 CurTime，其值为表示当前日期的字符串，在 show()方法中输出 CurTime 值。

4．使用类的方式描述计算机。

提示

计算机的各部件可以作为类的属性，showInfo()方法用于显示输出计算机的相关配置信息。计算机的主要部件包括 CPU、主板、显示器、硬盘、内存等。

# 第 7 章 类的方法与使用

## 本章目标

- ◎ 掌握方法的声明与使用，以及调用方法时的内存分析
- ◎ 定义和使用类的无参方法，理解变量作用域
- ◎ 定义和使用类的带参方法
- ◎ 掌握方法的重载和使用场合

## 本章简介

在前面章节的学习中，我们一起进入了面向对象的编程世界，对它的一些基本概念——类和对象——有了一定的了解，并且能使用 Java 语言定义类、类的属性和方法。从本章开始，将对类的方法进行深入学习。利用好方法实现独立的功能，将对今后的编程生活产生极大的影响。理解了方法的定义后，还需要了解变量作用域的概念，为深入学习带参方法打下坚实的基础。

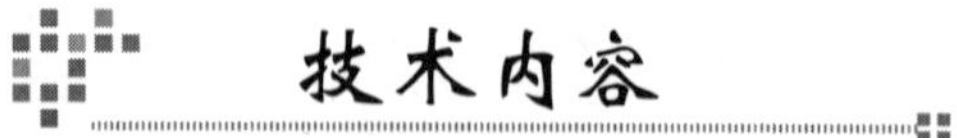

## 技术内容

## 7.1 类的方法概述

### 7.1.1 什么是类的方法

类是由一组具有相同属性和共同行为的实体抽象而来的，对象执行的操作是通过调用类的

方法实现的，显而易见，类的方法是个功能模块，作用是“做一件事情”。可以说，方法就是一段可以重复调用的代码。假设有一个游戏程序，程序在运行过程中，要不断地发射炮弹。发射炮弹的动作需要编写 100 行代码，其中包含获得炮弹、将炮弹放入炮身和发射的动作，在每次发射炮弹的地方都需要重复地编写这 100 行代码，程序会变得很臃肿，可读性也非常差。为了解决上述问题，通常会将发射炮弹的代码提取出来，然后根据不同的操作，将代码分别放在不同的{}中，并分别为这些代码起名。每一部分提取出来的代码可以被看作程序中定义的一个方法，这样在每次发射炮弹的地方，只需通过这些名字依次来调用这些方法，即可完成发射炮弹的动作。例如，要完成炮弹发射前的准备工作，只需根据需求调用获得炮弹和将炮弹放入炮身这两个方法即可。

接下来通过一些案例来介绍方法在程序中起到的作用。先来看一下，不使用方法时，如何实现打印 3 个长宽不同的矩形，如示例 1 所示。

**【示例 1】 不使用方法时，实现打印 3 个长宽不同的矩形**

```
public class Demo01 {
    public static void main(String[] args) {
        // 下面的循环使用*打印一个长为 6、宽为 3 的矩形
        for (int i = 0; i < 3; i++) {
            for (int j = 0; j < 6; j++) {
                System.out.print("*");
            }
            System.out.print("\n");
        }
        System.out.println();
        // 下面的循环使用*打印一个长为 5、宽为 2 的矩形
        for (int i = 0; i < 2; i++) {
            for (int j = 0; j < 5; j++) {
                System.out.print("*");
            }
            System.out.print("\n");
        }
        System.out.println();
        // 下面的循环是使用*打印一个长为 10、宽为 4 的矩形
        for (int i = 0; i < 4; i++) {
            for (int j = 0; j < 10; j++) {
                System.out.print("*");
            }
            System.out.print("\n");
        }
        System.out.println();
    }
}
```

示例 1 运行结果如下：

```
******
******
******

*****
*****

**********
**********
**********
**********
```

在示例 1 中，分别使用 3 个嵌套 for 循环完成了 3 个矩形的打印。仔细观察会发现，这 3 个嵌套 for 循环的代码是重复的，都在做一样的事情。此时，就可以将使用“*”打印矩形的功能定义为方法，在程序中调用 3 次即可，修改后的代码如示例 2 所示。

**【示例 2】 使用方法时，实现打印 3 个长宽不同的矩形**

```
public class Demo02 {
    public static void main(String[] args) {
        printRectangle(3, 6); // 调用 printRectangle()方法实现打印矩形
        printRectangle(2, 5);
        printRectangle(4, 10);
    }

    // 下面定义了一个打印矩形的方法，接收两个参数，其中 height 为高（即前面所说的矩形的“宽”），
    // width 为宽（即前面所说的矩形的“长”）
    public static void printRectangle(int height, int width) {
        // 下面使用嵌套 for 循环实现*打印矩形
        for (int i = 0; i < height; i++) {
            for (int j = 0; j < width; j++) {
                System.out.print("*");
            }
            System.out.print("\n");
        }
        System.out.print("\n");
    }
}
```

示例 2 的运行结果与示例 1 相同。示例 2 中定义了一个 printRectangle()方法，其中，{}内实现打印矩形的代码是方法体，printRectangle 是方法名，圆括号中的 height 和 width 是方法的参数，方法名前面的 void 是方法的返回值类型。

## 7.1.2　如何定义类的方法

类的方法必须包括以下 3 个部分：

- 方法的名称
- 方法的返回值类型
- 方法的主体

在 Java 中，声明一个方法的具体语法格式如下。

**语法**

```
修饰符 返回值类型 方法名(参数类型 参数名 1,参数类型 参数名 2…) {
    执行语句
    return 返回值;
}
```

通常，编写方法分两步完成：第一步，定义方法名和返回值类型；第二步，在{}中编写方法的主体部分。在编写方法时，要注意以下 3 点：

- 方法体放在一对花括号中。方法体就是一段程序代码，完成一定的工作。
- 方法名主要在调用这个方法时使用。在 Java 中，一般采用骆驼式命名法。
- 方法执行后可能会返回一个结果，该结果的类型称为返回值类型，使用 return 语句返回值。

**语法**

```
return 表达式;
```

例如，返回值类型是 String，在方法体中则必须使用 return 返回一个字符串。如果方法没有返回值，则返回值类型为 void。因此，在编写程序时，一定要注意方法声明中返回值的类型和方法体中真正返回值的类型是否匹配。如果不匹配，编译器就会报错。其实，这里的 return 语句是跳转语句的一种，它主要做两件事情：

- 跳出方法。意思是“我已经完成了，要离开这个方法”。
- 给出结果。如果方法产生一个值，这个值放在 return 后面，即“表达式”部分。意思是“离开方法，并将“表达式”的值返回给调用它的程序”。

示例 2 中的 printRectangle()方法是没有返回值的，接下来通过一个案例来演示方法中有返回值的情况，如示例 3 所示。

【示例 3】 使用有返回值的方法求矩形的面积

```
public class Demo03{
    public static void main(String[] args) {
        int area = getArea(3, 5); // 调用 getArea 方法
        System.out.println(" The area is " + area);
    }

    // 下面定义了一个求矩形面积的方法，接收两个参数，其中 x 为宽，y 为长
    public static int getArea(int x, int y) {
        int temp = x * y; // 使用变量 temp 记住运算结果
        return temp; // 将变量 temp 的值返回
    }
}
```

示例 3 的运行结果如下：

```
The area is 15
```

示例 3 中定义了一个 getArea()方法，用于求矩形的面积，参数 x 和 y 分别用于接收调用方法时传入的宽和长，return 语句用于返回计算所得的面积。在 main()方法中，通过调用 getArea()方法获得矩形的面积，并打印结果。

接下来通过图 7.1 演示示例 3 中 getArea()方法的整个调用过程。

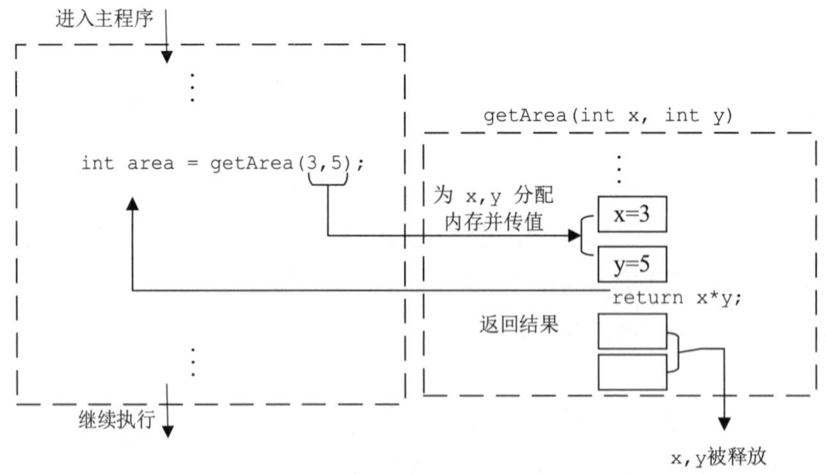


图 7.1 getArea()方法的调用过程

从图 7.1 中可以看出，在程序运行期间，参数 x 和 y 相当于在内存中定义的两个变量。当调用 getArea()方法时，传入的参数 3 和 5 分别赋值给变量 x 和 y，并将 x*y 的结果通过 return 语句返回，整个方法的调用过程结束，变量 x 和 y 被释放。

### 7.1.3　方法调用

定义了方法就要拿来使用，例如，示例 3 中的 getArea()方法用来输出相关信息。简单地说，在程序中，通过使用方法名称执行方法中包含语句的过程称为方法调用。方法调用的一般形式如下。

**语法**

```
对象名.方法名();
```

在 Java 中，类是程序的基本单元，每个对象需要完成特定的应用程序功能，当需要某一对象执行一项特定操作时，通过调用该对象的方法来实现。另外，在类中，类的不同成员方法之间也可以进行相互调用。

- 要调用同一个类中的方法，直接使用方法名调用即可。
- 要调用不同类的方法，首先创建对象，再使用“对象名.方法名()”调用。

接下来修改示例 3 调用不同类的方法，如示例 4 和示例 5 所示。

**【示例 4】　方法调用 1**

```
public class Demo04 {
    public int getArea(int x, int y) {
        int temp = x * y; // 使用变量 temp 记住运算结果
        return temp; // 将变量 temp 的值返回
    }
}
```

**【示例 5】　方法调用 2**

```
public class Demo05 {
    public static void main(String[] args) {
        Demo04 demo04 = new Demo04();
        int area = demo04.getArea(3, 5); // 调用 getArea 方法
        System.out.println(" The area is " + area);
    }
}
```

getArea()是类的成员方法，在示例 3 中，main()方法可以直接使用方法名调用属于同一个类中的方法 getArea()。示例 5 和示例 4 属于不同类，getArea()是类 Demo04 的成员方法，所以示例 5 必须首先创建该类的一个对象，然后才能通过操作符“.”调用其成员方法。

**说明**

仔细观察可能会发现，示例 3 和示例 4 中的 getArea()方法有些差异，示例 3 中有 static 修饰，示例 4

没有，此处不深入分析（将在后面内容中介绍），大家只要知道一点即可：main()方法必须使用 static 修饰，使用 static 修饰的方法直接调用的其他方法也必须使用 static 修饰。

### 7.1.4 常见错误

在编写方法及调用方法时，一定要细心，避免出现以下错误。

【错误示例 1】

```
public class Student{
    public void showInfo(){
        return"我是一名学生";
    }
}
```

错误分析：方法的返回值类型为 void 时，方法中不能有 return 语句。

【错误示例 2】

```
public class Student {
    public double getInfc() {
        double weight = 95.5;
        double height = 1.69;
        return weight, height;
    }
}
```

错误分析：方法不能返回多个值。

【错误示例 3】

```
public class Student{
    public String showInfo(){
        return "我是一名学生";
        public double getInfo() {
            double weight = 95.5;
            double height =1.69;
            return weight, height;
        }
    }
}
```

错误分析：多个方法不能相互嵌套定义。例如，不能将方法 getInfo()定义在方法 showInfo()中。

【错误示例 4】

```
public class Student {
    int age=20;
    if (age<20) (
        System.out.println("年龄不符合入学要求!");
    }
    public void showinto() {
        System.out.printin("我是名学生");
    }
}
```

错误分析：不能在方法外部直接写程序逻辑代码。

### 7.1.5 技能训练

**上机练习 1　计算平均分和总成绩**

**需求说明**

从键盘上输入三门课的分数，计算三门课的平均分和总成绩，编写成绩计算类实现该功能。程序运行结果如图 7.2 所示。

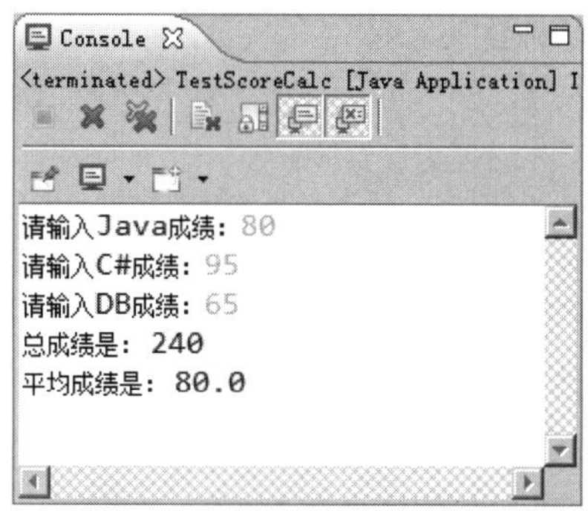


图 7.2　上机练习 1 的运行结果

提示

（1）创建类 ScoreCalc。

（2）分别编写方法，实现以下功能：

- 计算平均成绩。
- 显示平均成绩。
- 计算总成绩。
- 显示总成绩。

（3）编写测试类 TestScoreCalc，进行验证。

## 7.2 变量的作用域

在现实生活中，我们经常会碰到这样一种情况：无权使用身边的一些资源。

- 无权下载互联网上的一些宝贵资料——因为我们不是会员。
- 不能自由出入某公司的研发中心——因为我们不是该公司的研发人员。
- 不能去高级俱乐部的豪华高尔夫球场玩——因为我们没有 VIP 卡。

可见，一些资源只能被授权的人使用。如果不在授权范围内，就无权使用。在 Java 中，也会遇到同样的情况。

### 7.2.1 成员变量和局部变量

Java 中以类来组织程序，类中可以定义变量和方法。在类的方法中，同样也可以定义变量。在不同的位置定义的变量有什么不同吗？观察图 7.3 中的变量 1 到变量 5，注意其作用域。

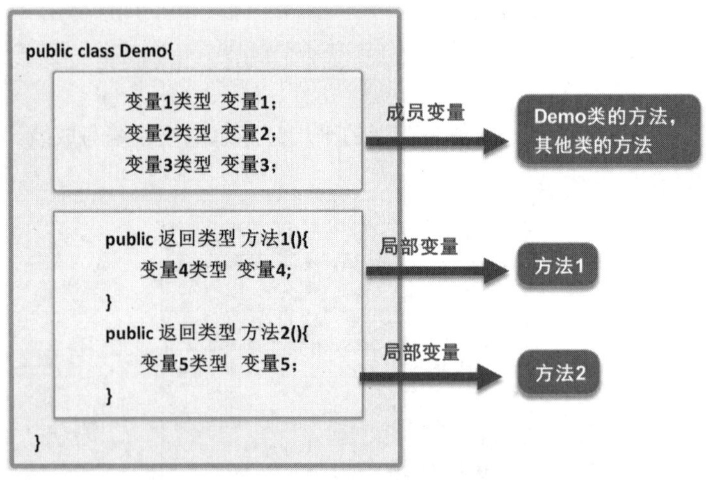


图 7.3 变量作用域

在图 7.3 中，类中定义的变量称为类的成员变量，如变量 1、变量 2 和变量 3；在方法中定义的变量称为局部变量，如变量 4 和变量 5。在使用时，成员变量和局部变量具有不同的使用权限：

- **成员变量** Demo 类的方法可以直接使用该类定义的成员变量。如果其他类的方法要访问它，必须首先创建该类的对象，然后才能通过操作符“.”来访问它。
- **局部变量** 作用域仅仅在定义该变量的方法内，因此只有在这个方法中才能够使用它。

总的来说，使用成员变量和局部变量时需要注意以下几点：

- 作用域不同。局部变量的作用域仅限于定义它的方法，在该方法外无法访问。成员变量在整个类内部都是可见的，所有成员方法都可以使用；如果访问权限允许，还可以在类外部使用成员变量。

- 初始值不同。对于成员变量，如果在类定义中没有给它赋初始值，Java 会给它一个默认值——基本数据类型的值为 0，引用类型的值为 null；但是，Java 不会给局部变量赋初始值，因此局部变量必须定义、赋值后再使用。
- 在同一个方法中，不允许有同名的局部变量。在不同的方法中，可以有同名的局部变量。
- 局部变量可以和成员变量同名，在使用时，局部变量具有更高的优先级。

## 7.2.2　常见错误

在编程过程中，因为使用了无权使用的变量而造成编译错误是非常常见的现象。请阅读下面的几段常见错误代码，并引以为戒。

【错误示例 5】

```
public class Student{
    int score1=88;
    int score2=98;
    public void calcAvg(){
        int avg = (score1 + score2)/2;
    }
    publlc void showAvg(){
        System.out.println("平均分是:"+ avg);
    }
}
```

如果编写一个 main()方法来调用 Student 类的 showAvg()方法，编译器会报错，提示“无法解析 avg”。这是为什么呢？因为在方法 showAvg()中使用了在方法 calcAvg()中定义的变量 avg，超出了 avg 的作用域。

排错方法：如果要使用在方法 calcAvg()中获得的 avg 结果，可以编写带有返回值的方法，然后在方法 showAvg()中调用这个方法，而不是直接使用在这个方法中定义的变量。

【错误示例 6】

```
public class VariableDomain{
    puhlic static void main(String[] args){
        for(int a = 0; a< 4;a++){
            System.out.println("Hello!");
        }
        System.out.println(a);
    }
}
```

编译运行代码，编译器会报错，提示“无法解析 a”。这又是什么原因呢？仔细观察就会发现，变量 a 是在 for 循环中定义的变量，因此 a 只能在 for 循环中使用，一旦语句退出循环就不能再使用了。另外，在 while 循环、do…while 循环、if 语句、switch 语句中定义的变量，其作用域也仅仅在这些控制流语句块内。

这是程序初学者非常容易犯的错误，大家一定要提高警惕。

## 7.3 面向对象编程

前面学习了类的概念及类的成员方法，那么 Java 这种面向对象编程方法到底带给了我们什么呢？

### 7.3.1 如何使用面向对象编程

面向对象编程（Object Oriented Programming，OOP）是一种计算机编程架构，是 20 世纪 90 年代才流行起来的。OOP 的一条基本原则就是计算机程序是由能够起到子程序作用的单元或对象组合而成的，具有重用性、灵活性和扩展性强的优势。下面，我们就来体会下 OOP。

在学习本章前，我们已经能够在 main()方法中实现计算学生总成绩、平均分，显示总成绩、平均分的功能了，如示例 6 所示。

【示例 6】 ScoreCalc 类

```
public class ScoreCalc {
    int java; // Java 成绩
    int c; // C#成绩
    int db; // DB 成绩
    /**
     * 计算总成绩
     */
    public int calcTotalScore() {
        int total = java + c + db;
        return total;
    }

    /**
     * 显示总成绩
     */
    public void showTotalScore() {
        System.out.println("总成绩是： " + calcTotalScore());
```

```
    }

    /**
     * 计算平均成绩
     */
    public double calcAvg() {
        double avg = (java + c + db) / 3;
        return avg;
    }

    /**
     * 显示平均成绩
     */
    public void showAvg() {
        System.out.println("平均成绩是：  " + calcAvg());
    }
}
```

设想一下，如果有 100 个类都要实现这个功能，示例 6 中的代码完全不能够重用，工作量会非常大。但是如果采用本章学习的面向对象思维，使用方法来实现独立的功能模块，那么 100 个类都来调用方法就行了，如图 7.4 所示。

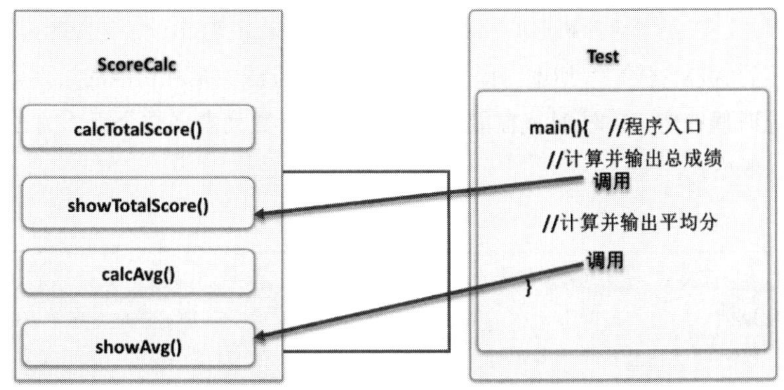


图 7.4　使用面向对象思维解决问题

这就是面向对象的编程思想给大家带来的好处，类的方法可以实现某个特定的功能。其他的类不需要知道它是如何实现的，只需知道实现此功能的类和它的方法名，就可以直接调用，而不用重复编码。

**注意**

对面向对象思想的理解是一个过程，初学者需先模仿，学习老师是如何对一个问题进行分析的，随着知识的积累、动手操作能力的增强，逐步掌握使用面向对象思想分析问题及解决问题的思路。

### 7.3.2 技能训练

**上机练习 2 定义管理员类**

**需求说明**

编写管理员类 Manager，使用 show()方法返回管理员信息。

程序运行结果如下：

```
管理员信息用户名为:zhangsan 密码为: 0000
```

show()方法使用 return 语句实现信息的返回。

## 7.4 深入带参方法

### 7.4.1 定义带参方法

通过前面的学习，我们知道，类的方法是一个功能模块，其作用是“做一件事情”，实现某一个独立的功能，可供多个地方使用。在现实生活中，大家使用过榨汁机吗？榨汁机提供了一个很好的榨汁功能。如果放进去的是苹果，榨出来的就是苹果汁；如果放进去的是草莓，榨出来的就是草莓汁；如果同时放入这两种水果，榨出来的就是苹果草莓汁；如果什么都不放，则无法榨汁。因此，在使用榨汁机时，必须提供被榨的水果。再如，使用 ATM 取钱时，要先输入取款金额，然后 ATM 才会“吐出”纸币。与此类似，方法中某种功能的实现依赖于我们给它的初始信息，这时候在定义方法时就需要在括号中加入参数列表。结合无参方法，现在给出定义类的方法的一般格式。

**语法**

```
<访问修饰符> 返回值类型 <方法名>(<参数列表>) {
    //方法的主体
}
```

其中：

- <访问修饰符>指允许访问该方法的权限范围，只能是 public，protected 或 private。其中，public 访问修饰符表示该方法可以被任何代码调用，另外两种修饰符将在后续章节中陆续学习。
- 返回值类型指方法返回值的类型。如果方法不返回任何值，它应该声明为 void 类型。Java 对返回值的要求很严格，方法返回值必须与所说明的类型相匹配。使用 return 语句返回值。

➢ <方法名>是定义的方法的名字，它必须使用合法的标识符。
➢ <参数列表>是传送给方法的参数列表，列表中各参数间以逗号分隔。参数列表的格式如下。

**语法**

```
数据类型 参数1,数据类型 参数2, … ,数据类型 参数n
```

其中，n≥0。如果 n=0，则代表没有参数，这时的方法就是前面学习过的无参方法。下面举一个实际的例子，如示例 7 所示。

**【示例 7】 学生信息管理**

```
public class StudentsBiz {
    String[] names = new String[30];  // 学生姓名数组

    /**
     * 增加学生姓名
     * @param name 要增加的姓名
     */
    public void addName(String name){
        for(int i =0;i<names.length;i++){
            if(names[i]==null){
                names[i]=name;
                break;
            }
        }
    }
    /**
     * 显示本班的学生姓名
     */
    public void showNames(){
        System.out.println("本班学生列表：");
        for(int i =0;i<names.length;i++){
            if(names[i]!=null){
                System.out.print(names[i]+"\t");
            }
        }
        System.out.println();
    }
}
```

示例 7 定义了一个学生信息管理类 StudentsBiz，包含学生姓名数组的属性 names、增加学生姓名的方法。其中，方法 addName(String name)的功能是在 names 中增加学生姓名，这里只有一个参数 name。

提示

类中的属性可以是单个变量，也可以是一个数组，如示例 7 代码中的数组 names。可以通过运算符 "." 访问类的数组成员或数组成员的元素，例如下面的代码：

```
studentsBiz stuBiz = new studentsBiz();
stuBiz.names;
//或
stuBiz.names[1];
```

### 7.4.2 调用带参方法

调用带参方法与调用无参方法的语法相同，但是在调用带参方法时必须传入实际参数的值。

**语法**

```
对象名.方法名(参数 1,参数 2,…,参数 n)
```

在定义方法和调用方法时，把参数分别称为形式参数和实际参数，简称形参和实参。形参是在定义方法时对参数的称呼，目的是定义方法需要传入的参数个数和类型。实参是在调用方法时传递给方法处理的实际的值。

调用方法时，需要注意以下两点：

- 先实例化对象，再调用方法。
- 实参的类型、数量、顺序都要与形参一一对应。

如下所示，示例 8 调用了 addName()方法，添加了 5 名学生。

**【示例 8】 调用带参方法**

```
import java.util.Scanner;

public class TestAdd {
    /**
     * 调用有参方法
     */
    public static void main(String[] args) {
        StudentsBiz st = new StudentsBiz();
        Scanner input = new Scanner(System.in);
        for(int i=0;i<5;i++){
            System.out.print("请输入学生姓名：");
```

```
            String newName = input.next();
            st.addName(newName);
        }
        st.showNames();
    }
}
```

## 7.4.3　带多个参数的方法

**问题**：指定查找区间，查找学生姓名并显示是否查找成功。

**分析**：在数组的某个区间中查找学生姓名，设计方法，通过传递 3 个参数（开始位置、结束位置、查找的姓名）来实现，如示例 9 所示。

**【示例 9】　查找学生姓名**

```
public class StudentsBiz {
    String[] names = new String[30];  // 学生姓名数组

    /**
     * 示例：增加学生姓名
     * @param name 要增加的姓名
     */
    public void addName(String name){
        for(int i =0;i<names.length;i++){
            if(names[i]==null){
                names[i]=name;
                break;
            }
        }
    }
    /**
     * 显示本班的学生姓名
     */
    public void showNames(){
        System.out.println("本班学生列表：");
        for(int i =0;i<names.length;i++){
            if(names[i]!=null){
                System.out.print(names[i]+"\t");
            }
        }
        System.out.println();
    }
```

```
    /**
     * 示例：在一定区间查找学生姓名
     * @param start 开始位置
     * @param end 结束位置
     * @param name 查找的姓名
     * @return find 是否查找成功
     */
    public boolean searchName(int start,int end,String name){
        boolean find = false;  // 是否找到标识

        // 指定区间数组中，查找姓名
        for(int i=start-1;i<end;i++){
            if(names[i].equals(name)){
                find=true;
                break;
            }
        }
        return find;
    }
}
```

调用该方法的类代码片段如下：

```
import java.util.Scanner;

public class TestSearch {
    /**
     * 调用带 3 个参数的方法
     */
    public static void main(String[] args) {
        StudentsBiz st = new StudentsBiz();
        Scanner input = new Scanner(System.in);
        for(int i=0;i<5;i++){
            System.out.print("请输入学生姓名：");
            String newName = input.next();
            st.addName(newName);
        }
        st.showNames();
        System.out.print("\n 请输入开始查找的位置：");
        int s = input.nextInt();
        System.out.print("请输入结束查找的位置：");
```

```
        int e = input.nextInt();
        System.out.print("请输入查找的姓名：");
        String name = input.next();
        System.out.println("\n*****查找结果*****");
        if(st.searchName(s,e,name)){
            System.out.println("找到了！");
        }
        else{
            System.out.println("没找到该学生！");
        }
    }
}
```

示例 9 的方法 searchName()带有 3 个参数，数据类型分别是 int，int，String，调用该方法传递的实参 s，e，name 的类型与之一一对应；searchName()方法定义的返回值为 boolean 类型，返回的 find 也为 boolean 类型。

通过前面示例的学习，我们发现，带参方法的参数个数无论多少，在使用时只要注意实参和形参一一对应——传递的实参与形参的数据类型相同、个数相同、顺序一致，就掌握了带参方法的使用。

提示

编程时，对于完成不同功能的代码，可以将它们写成不同的方法，每一个方法完成一个独立的功能模块，在需要时调用就可以了。使用方法可以提高代码重用率及编程效率。

## 7.4.4　常见错误

对于初学者来讲，在编程过程中，带参方法的定义和调用总是会出现各种不可避免的错误，如数据类型错误、参数传递错误等。

**【错误示例 7】**

```
//方法定义
public void addName(String name){
    //方法体
}
//方法调用
对象名.addName(String "张三");
```

代码中，调用方法时，在传递的实参前添加了数据类型，正确的调用方法如下：

```
对象名.addName("张三");
```

【错误示例 8】

```
//方法定义
public boolean searchName(int start,int end, String name) {
    //方法体
}
//方法调用
String s ="开始";
int e = 3;
String name = "张三";
boolean flag =对象名.searchName(s, e, name);
```

代码中，形参和实参的数据类型不一致。searchName()方法定义的形参要求数据类型为 int，int，String，而传递的实参的数据类型为 String，int，String。

【错误示例 9】

```
//方法定义
public boolean searchName(int start,int end,String name ) {
    //方法体
}
//方法调用
int s = 1;
int e = 3;
boolean flag =对象名.searchName(s ,e);
```

形参和实参的数量不一致。searchName()方法定义了 3 个形参，而传递的实参只有两个。

还有一种情况比较常见，从语法结构讲不能称之为错误，但从程序设计的角度讲，算是程序设计错误的一种。

【错误示例 10】

```
//方法定义
public boolean searchName(int start,int end, String name){
    //方法体
}
//方法调用
int s = 1;
int e = 3 ;
String name ="张三";
对象名.searchName(s, e, name);
```

方法定义有返回值，但是调用该方法后没有对返回值做任何处理。

## 7.4.5　技能训练 1

### 上机练习 3　实现客户姓名的添加和显示

**需求说明**

创建客户业务类 CustomerBiz，实现客户姓名的添加和显示。

程序运行结果如图 7.5 所示。

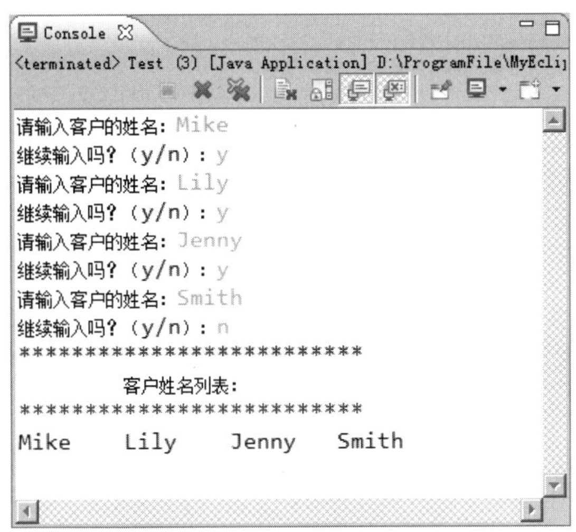


图 7.5　上机练习 3 的运行结果

**提示**

（1）创建 CustomerBiz 类，添加客户姓名数组。

（2）创建 addName(String name)方法，实现姓名的添加。

（3）创建 showNames()方法，实现姓名的显示。

（4）创建测试类 TestCustomer，实现循环输入姓名。

### 上机练习 4　修改客户姓名

**需求说明**

修改客户姓名，并显示是否修改成功。

程序运行结果如图 7.6 所示。

**提示**

在数组中查询到该客户，并修改其姓名。根据分析可以设计一个方法，通过传递两个参数（需要修改的姓名、新姓名）来实现。

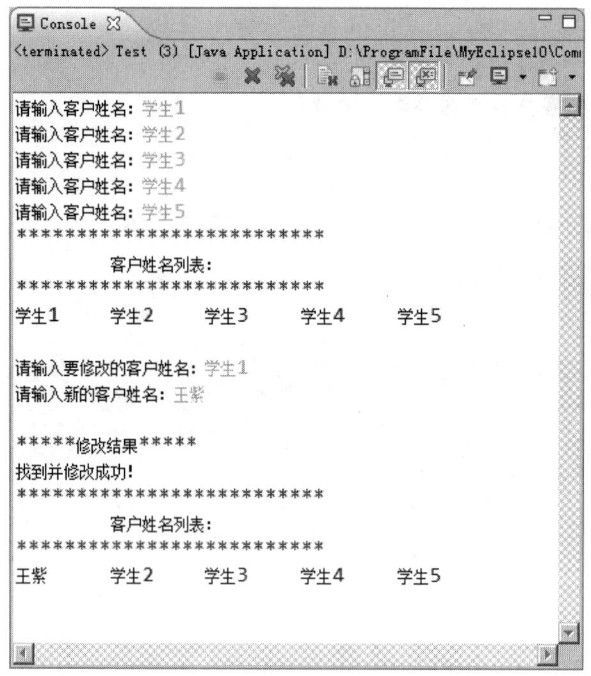


图 7.6 上机练习 4 的运行结果

### 7.4.6 数组作为参数的方法

问题：有五名学生参加了 Java 知识竞赛的决赛，输出决赛的平均成绩和最高成绩。

分析：将多个类型相同的数值型数据存储在数组中，并对其求总和、平均值、最大值、最小值等，是实际应用中常见的操作。可以设计求总和、平均值、最大值、最小值等的方法，并把数组作为参数，这样便可以在多种场合下调用这些方法，如示例 10 所示。

【示例 10】 数组作为参数的方法

```
/*实现学生信息的管理*/
public class StudentsBiz {
    String[] names = new String[30];  // 学生姓名数组

    /**
     * 增加学生姓名
     * @param name 要增加的姓名
     */
    public void addName(String name){
        for(int i =0;i<names.length;i++){
            if(names[i]==null){
                names[i]=name;
                break;
            }
```

```
        }
    }
    /**
     * 显示本班的学生姓名
     */
    public void showNames(){
        System.out.println("本班学生列表：");
        for(int i =0;i<names.length;i++){
            if(names[i]!=null){
                System.out.print(names[i]+"\t");
            }
        }
        System.out.println();
    }

    /**
     * 修改学生姓名
     * @paramoldName 旧名字
     * @paramnewName 新名字
     */
    public boolean editName(String oldName,String newName){
        boolean find = false;  // 是否找到并修改成功标识

        // 循环数组，找到姓名为 oldName 的元素，修改为 newName
        for(int i=0;i<names.length;i++){
            if(names[i].equals(oldName)){
                names[i] = newName;
                find=true;
                break;
            }
        }
        return find;
    }
    /**
     * 在一定区间查找学生姓名
     * @param start 开始位置
     * @param end 结束位置
     * @param name 查找的姓名
     * @return find 是否查找成功
     */
    public boolean searchName(int start,int end,String name){
        boolean find = false;  // 是否找到标识
```

```
        // 指定区间数组中，查找姓名
        for(int i=start-1;i<end;i++){
            if(names[i].equals(name)){
                find=true;
                break;
            }
        }
        return find;
    }

     /**
     * 求平均分
     * @param scores 参赛成绩数组
     */
    public double calAvg(int[] scores){
        int sum=0;
        double avg=0.0;
        for(int i =0;i<scores.length;i++){
            sum+=scores[i];
        }
        avg=(double)sum/scores.length;
        return avg;
    }

    /**
     * 求最高分
     * @param scores 参赛成绩数组
     */
    public int calMax(int[] scores){
        int max=scores[0];
        for(int i =1;i<scores.length;i++){
            if(max<scores[i]){
                max=scores[i];
            }
        }
        return max;
    }
}
```

测试类如下所示：

```
import java.util.Scanner;

public class TestCal {
    /*调用带数组参数的方法*/
    public static void main(String[] args) {
        StudentsBiz st = new StudentsBiz();
        int[] scores = new int[5];

        Scanner input = new Scanner(System.in);
        System.out.println("请输入五名参赛者的成绩：");
        for (int i = 0; i < 5; i++) {
            scores[i] = input.nextInt();
        }

        double avgScore = st.calAvg(scores);
        System.out.println("平均成绩：" + avgScore);

        int maxScore = st.calMax(scores);
        System.out.println("最高成绩：" + maxScore);
    }
}
```

示例 10 中的 StudentsBiz 类定义了两个方法，分别实现了求平均成绩和最高成绩，它们都是带数组参数并且带返回值的方法：

```
public double calAvg(int[] scores)
public int calMax(int[] scores)
```

参数 scores 数组传递所有学生的比赛成绩，而且定义方法时并没有指定数组大小，而是在调用方法时确定要传递的数组的大小。return 语句用来返回平均成绩和最高成绩。示例 10 的运行结果如下：

```
请输入五名参赛者的成绩:
85
75
90
100
65
平均成绩:83.0 最高成绩:100
```

## 7.4.7 对象作为参数的方法

问题：示例 10 中实现了增加学生姓名的功能，那么，如果不仅要增加学生姓名，还要增加学生的年龄和成绩，应该如何实现呢？

分析：示例 10 中设计了一个方法，通过传递一个参数（新增的学生姓名）来实现增加学生姓名。同样，要新增年龄和成绩，可以在类中定义两个分别表示年龄和成绩的数组，同时在方法中增加两个参数（要新增的学生年龄、要新增的学生成绩）。但是，这样设计会有一些问题：在类中声明的数组较多，方法中的参数较多。试想一下，如果新增的学生信息包括得更多，如家庭住址、联系电话、身高、体重、性别等，那么是不是需要在类中定义更多的数组、在方法中定义更多的参数呢？显然，这不是最好的解决方案。其实，大家已经学习过类和对象，可以使用面向对象的思想，把所有要新增的学生信息封装到学生类中，只需要在方法中传递一个学生对象就可以包含所有的信息，如示例 11 所示。

**【示例 11】 对象作为参数的方法**

```
/*学生类*/
class Student{
    public int id;
    public String name;
    public int age;
    public int score;

    public void showInfo(){
        System.out.println(id+"\t"+name+"\t"+age+"\t"+score);
    }
}
```

```
/*实现学生信息的管理*/
public class StudentsBiz{
    Student[] students = new Student[30];   // 学生数组

    /*增加学生*/
    public void addStudent(Student stu){
        for(int i =0;i<students.length;i++){
            if(students[i]==null){
                students[i]=stu;
                break;
            }
        }
    }
    /*显示本班的学生信息*/
```

```
    public void showStudents(){
        System.out.println("本班学生列表：");
        for(int i =0;i<students.length;i++){
            if(students[i]!=null){
                students[i].showInfo();
            }
        }
        System.out.println();
    }
}
```

调用该方法的类代码如下：

```
import java.util.Scanner;

public class TestAdd {

    /*调用有参方法*/
    public static void main(String[] args) {
        //实例化学生对象
        Student student1=new Student();
        student1.id=10;
        student1.name="张三";
        student1.age=18;
        student1.score=99;
        Student student2=new Student();
        student2.id=11;
        student2.name="李四";
        student2.age=19;
        student2.score=60;
        //新增学生对象
        StudentsBiz studentsBiz=new StudentsBiz();
        studentsBiz.addStudent(student1);
        studentsBiz.addStudent(student2);
        studentsBiz.showStudents();//显示学生信息
    }
}
```

在示例 11 中，Student[] students = new Student[30];声明了大小为 30 的学生对象数组，即数组 students 可以存储 30 个学生对象。

方法 addStudent(Student stu)带有一个 Student 类型的参数，调用时将传递一个学生对象。就传递的参数而言，这里的 Student 类型的参数与前面学习的 int、String 等类型的参数相同，需要保证实参和形参一致。程序运行结果如下：

```
本班学生列表:
10    张三    18    99
11    李四    19    60
```

提示

关于数组和对象作为参数的情况，可先模仿示例，掌握其基本用法，在后面章节中还会深入地学习。

### 7.4.8 技能训练 2

#### 上机练习 5 实现对客户姓名的排序

**需求说明**

编写方法，实现对客户姓名的排序。程序运行结果如图 7.7 所示。

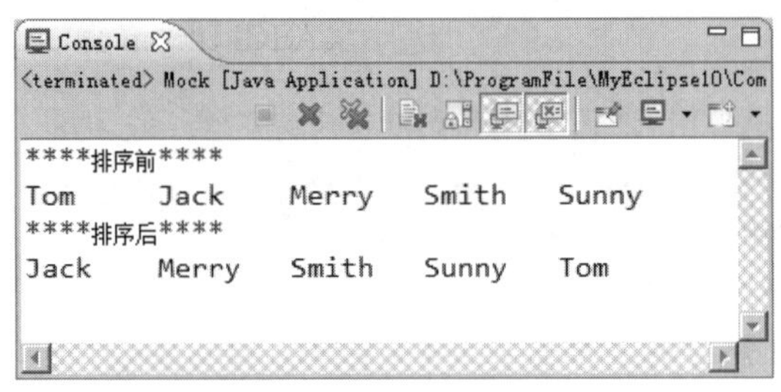


图 7.7 上机练习 5 的运行结果

提示

（1）利用数组存储学生姓名。

（2）定义一个方法来实现姓名排序，该方法的参数为排序前的姓名数组。

（3）创建测试类，调用排序的方法，并输出排序前和排序后的姓名信息。

#### 上机练习 6 实现客户信息的添加和显示

**需求说明**

改进上机练习 3，实现客户信息的添加和显示，客户信息包括姓名、年龄、是否有会员卡。程序运行结果如图 7.8 所示。

提示

定义 Customer 类，包含的属性有姓名、年龄、是否是会员，包含的方法有输出基本信息。在 CustomerBiz 类中声明客户对象数组如下：

```
Customer[] customers = new Customer[30];
```

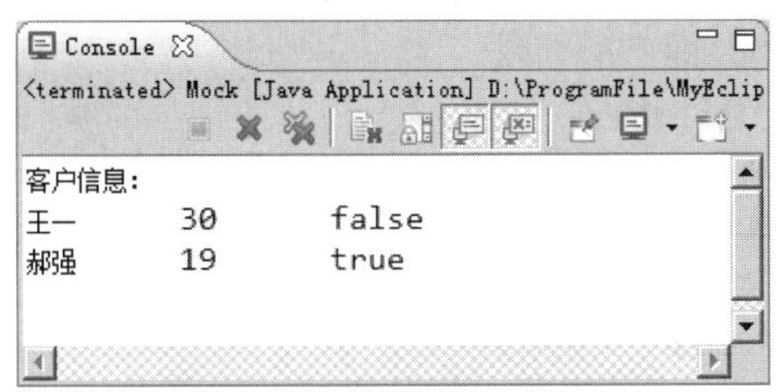


图 7.8　上机练习 6 的运行结果

在 CustomerBiz 类中创建方法 addCustomer(Customer cust)，实现客户对象的添加。在 CustomerBiz 类中创建方法 showCustomers()，输出客户对象信息。

在 TestCustomer 类中创建客户对象，实现客户信息的添加和输出。

## 7.5　方法的重载和递归

通过前面的学习，相信读者已经学会了如何在类中定义和调用方法。在实际开发时，方法还有很多使用方式，例如方法的重载、方法的递归等。本节将对方法的重载和递归进行详细讲解。

### 7.5.1　方法的重载

假设要在程序中实现一个对数字求和的方法，由于参与求和数字的个数和类型都不确定，因此要针对不同的情况设计不同的方法。接下来通过一个案例来实现对两个整数相加、对三个整数相加以及对两个小数相加的功能，如示例 12 所示。

【示例 12】　方法的重载 1

```
public class Demo12{
    // 1.实现两个整数相加
    public static int add01(int x, int y) {
        return x + y;
    }
    // 2.实现三个整数相加
    public static int add02(int x, int y, int z) {
        return x + y + z;
    }
    // 3.实现两个小数相加
    public static double add03(double x, double y) {
        return x + y;
    }
    public static void main(String[] args) {
        // 针对求和方法的调用
        int sum1 = add01(1, 2);
```

```
        int sum2 = add02(3, 4, 7);
        double sum3 = add03(0.2, 5.3);
        //打印求和的结果
        System.out.println("sum1=" + sum1);
        System.out.println("sum2=" + sum2);
        System.out.println("sum3=" + sum3);
    }
}
```

运行结果如下：

```
sum1=3
sum2=14
sum3=5.5
```

从示例 12 中的代码不难看出，程序需要针对每一种求和的情况都定义一个方法，如果每个方法的名称都不相同，调用时很难分清哪种情况该调用哪个方法。为了解决这个问题，Java 允许在一个程序中定义多个名称相同但是参数的类型或个数不同的方法，这就是方法的重载。

接下来以方法重载的方式对示例 12 进行修改，如示例 13 所示。

**【示例 13】 方法的重载 2**

```
public class Demo13{
    // 1.实现两个整数相加
    public static int add(int x, int y) {
        return x + y;
    }
    // 2.实现三个整数相加
    public static int add(int x, int y, int z) {
        return x + y + z;
    }
    // 3.实现两个小数相加
    public static double add(double x, double y) {
        return x + y;
    }
    public static void main(String[] args) {
        // 针对求和方法的调用
        int sum1 = add(1, 2);
        int sum2 = add(3, 4, 7);
        double sum3 = add(0.2, 5.3);
        // 打印求和的结果
```

```
        System.out.println("sum1=" + sum1);
        System.out.println("sum2=" + sum2);
        System.out.println("sum3=" + sum3);
    }
}
```

示例 13 的运行结果和示例 12 一样。示例 13 中定义了三个同名的 add()方法，但它们的参数个数或参数类型不同，从而实现了方法的重载。在 main()方法中调用 add()方法时，通过传入不同的参数便可以确定调用哪个重载的方法，例如，add(1, 2)调用的是两个整数求和的方法 add(int x, int y)。需要注意的是，方法的重载与返回值类型无关，它只需要满足两个条件：一是方法名相同，二是参数个数或参数类型不同。

### 7.5.2　方法的递归

方法的递归是指在一个方法的内部调用自身的过程。递归必须有结束条件，不然就会陷入无限递归的状态，永远无法结束调用。接下来通过一个案例来学习如何使用递归算法计算自然数之和，如示例 14 所示。

**【示例 14】　递归实现求 1~n 的和**

```
public class Demo14 {
    // 使用递归实现求 1~n 的和
    public static int getSum(int n) {
        if (n == 1) {
            // 满足条件，递归结束
            return 1;
        }
        int temp = getSum(n - 1);
        return temp + n;
    }
    public static void main(String[] args) {
        int sum = getSum(4);                    // 调用递归方法，获得 1~4 的和
        System.out.println("sum = " + sum); // 打印结果
    }
}
```

运行结果如下：

```
sum = 10
```

示例 14 中定义了一个 getSum()方法，用于计算 1~n 的自然数之和。第 8 行代码相当于在 getSum()方法的内部调用了自身，这就是方法的递归，整个递归过程在 n==1 时结束。方法的递归调用过程很复杂，接下来通过图 7.9 来分析整个调用过程。

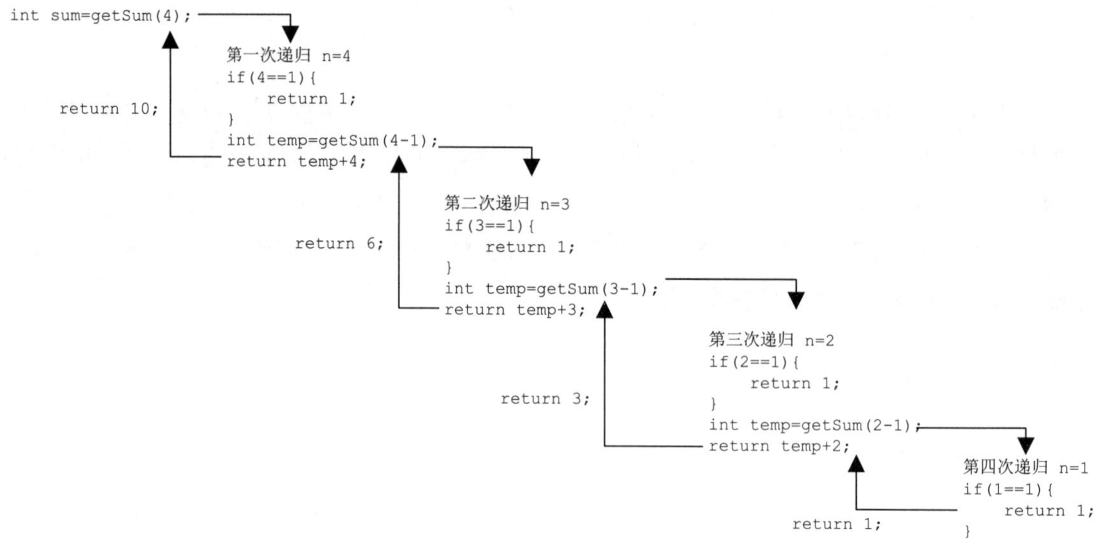


图 7.9 递归调用过程

图 7.9 描述了示例 14 中整个程序的递归调用过程，其中 getSum()方法被调用了 4 次，每次调用时，n 的值都会递减。当 n 的值为 1 时，所有递归调用的方法都会以相反的顺序相继结束，所有的返回值会进行累加，最终得到结果 10。

## 7.5.3 技能训练

### 上机练习 7 实现数字 1 ~ 100 的累加

**需求说明**

使用递归实现数字 1 ~ 100 的累加。

### 上机练习 8 斐波那契数列

**需求说明**

斐波那契数列（Fibonacci Sequence），又称为黄金分割数列，因数学家莱昂纳多·斐波那契（Leonardo Fibonacci）以兔子繁殖为例而引入，故也称为“兔子数列”，指的是这样一个数列：0，1，1，2，3，5，8，13，21，34……在数学上，斐波那契数列以递推的方法定义：

```
F(0)=0, F(1)=1, F(2)=1, F(n)=F(n - 1)+F(n - 2) (n ≥ 3, n ∈ N*)
```

编写程序，实现根据用户输入的数字输出斐波那契数列的功能。

## 本章总结

- 定义类的方法，必须包括以下三部分：
  - ◎ 方法的名称。
  - ◎ 方法返回值的类型。
  - ◎ 方法的主体。
- 调用类的方法，使用如下两种形式：
  - ◎ 同一个类中的方法，直接使用方法名调用。
  - ◎ 不同类的方法，首先创建对象，再使用“对象名.方法名”来调用。
- 在 Java 中，变量有成员变量和局部变量，它们的作用域各不相同。
- 定义带参方法的一般形式如下：

```
<访问修饰符> 返回类型 <方法名>(<参数列表>){
    //方法的主体
}
```

- 调用带参方法与调用无参方法的语法是相同的，但是在调用带参方法时必须传入实际参数的值。
- 形参是在定义方法时对参数的称呼，实参是在调用方法时传递给方法的实际的值。

## 本章作业

### 一、选择题

1．给定的 Java 代码如下所示，编译运行后，输出结果为（　　）。

```
public class Test {
    int i;
    public int aMethod() {
        i++;
        return i;
    }
    public static void main(String args[]) {
        Test test = new Test();
        test.aMethod();
```

```
        System.out.println(test.aMethod());
    }
}
```

A．编译出错　　　B．0　　　C．1　　　D．2

2．阅读下面的代码：

```
import java.util.*;
public class Foo {
    public void calc() {
        Scanner input = new Scanner(System.in);
        System.out.println("请输入一个整数值：");
        int i = input.nextInt();
        for (int p = 0, num = 0; p < i; p++) {
            num++;
        }
        System.out.println(num);
    }
    public static void main(String[] args) {
        Foofoo = new Foo();
        foo.calc();
    }
}
```

如果从控制台输入的值为 10，那么程序运行的结果是（　　）。

A．9　　　B．8　　　C．10　　　D．编译出错

3．关于类的描述正确的是（　　）。（选择两项）

A．在类中定义的变量称为类的成员变量，在别的类中可以直接使用

B．局部变量的作用范围仅仅在定义它的方法内，或者在定义它的控制流块中

C．使用别的类的方法仅仅需要引用方法的名字即可

D．一个类的方法使用该类的另一个方法时，可以直接引用方法名

4．给定如下 Java 程序的方法定义，则（　　）可以放在方法体中。

```
public String change(int i){
    //方法体
}
```

A．return 100;　　　B．return 'a';　　　C．return i+ "";　　　D．return i;

5．Java 代码如下所示，编译运行后，输出结果是（　　）。

```
public class Test {
    int i;
    public int aMethod() {
        i++;
        return i;
    }
    public static void main(String args[]) {
        Test test = new Test();
        test.aMethod();
        System.out.println(test.aMethod());
    }
}
```

A. 0　　B. 1　　C. 2　　D. 3

## 二、简答题

请说一说成员变量与局部变量的区别。

## 三、综合应用题

1．根据输入的月份数字（1~12），判断为春夏秋冬哪个季节。要求使用方法定义 4 个季节，运行结果如下：

```
请输入月份：6
该季节为夏季
```

2．用代码实现计算器类（Calculator）。

提示

编写 Calculator 类：

- 定义成员变量为运算数 1（numl）和运算数 2（num2）。
- 实现成员方法“加”（add）、“减”（minus）、“乘”（multiple）和“除”（divide）。

3．模拟 ATM 机进行账户余额查询。

提示

编写账户类。属性为账户余额，方法为查询余额。编写测试类，显示账户余额。

4．现有电视商品价格竞猜活动，活动的规则为：随机出现一个商品名，用户猜测它的价格，如果在规定次数内猜对，便可获得此商品。模拟竞猜活动，运行结果如下：

```
请猜测"电动车"的价格：1000
再大点!再猜一次吧：2000
```

```
再小点!再猜一次吧: 1900
再小点!再猜一次吧: 1800
4 次内没有猜对, 下次努力吧!
```

提示

参考实现步骤如下:

- 定义 QuessMachine 类，编写它的 initial()方法，预定义商品信息，根据产生的随机数字，选定一款竞猜的商品。
- 编写 QuessMachine 类的 guess()方法，如果猜测正确，返回“猜对了！”；如果偏大，返回“再小点！再猜一次吧！”；如果偏小，返回“再大点！再猜一次吧！”。
- 编写测试类模拟竞猜。

# 第 8 章

# 项目案例：外卖订餐管理系统

## 本章目标

- ◎ 理解程序的基本概念——程序、变量、数据类型
- ◎ 学会使用顺序、选择、循环、跳转语句编写程序
- ◎ 学会使用数组
- ◎ 学会使用方法

## 本章简介

通过前面的章节，我们已经掌握了 Java 语言的基本内容，包括基本数据类型、基本语法、程序逻辑等，还学习了如何处理数组、如何对字符串进行操作。下面通过一个项目案例——外卖订餐管理系统，对前面所学的知识进行阶段性总结，并以此巩固和强化这些知识。

## 技术内容

## 8.1 案例分析

### 8.1.1 需求概述

现今是网络时代，人们的日常生活已离不开网络，如网上购物、看新闻、交友等。“只要点点手指，就能送餐上门”，网上订餐越来越受到都市年轻人的青睐。现要求开发一个外卖订

餐系统，需要实现“我要订餐”“查看餐袋”“签收订单”“删除订单”“我要点赞”和“退出系统”6 个功能。项目运行结果如图 8.1 所示。

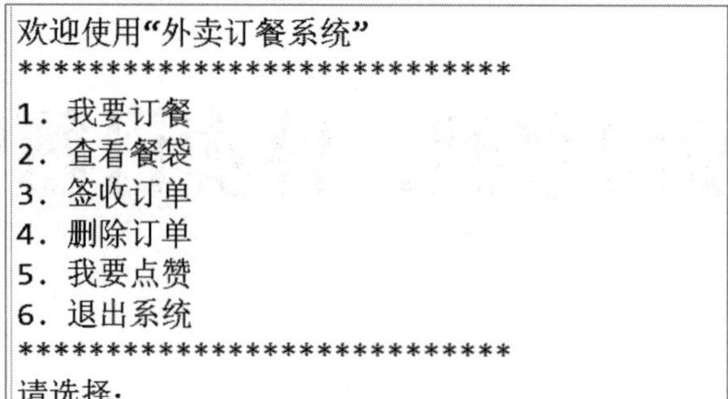

欢迎使用“外卖订餐系统”
****************************
1. 我要订餐
2. 查看餐袋
3. 签收订单
4. 删除订单
5. 我要点赞
6. 退出系统
****************************
请选择：


图 8.1 外卖订餐系统

## 8.1.2 开发环境

- **开发语言** Java。
- **开发工具** Eclipse 或 IntelliJ IDEA。

## 8.1.3 问题分析

### 1. 使用数组对象保存订单信息

通过对本项目的需求进行分析可知，每条订单的信息都包括订餐人姓名、所选菜品及份数、送餐时间、送餐地址、订单状态、总金额，并且包含多条订单信息，可以使用数组来保存多个相同类型的信息。定义 6 个数组，分别保存订单的订餐人姓名、所选菜品及份数、送餐时间、送餐地址、订单状态、总金额，各数组中下标相同的元素组成一条订单信息。

该系统最多接收 4 条订单。

```
// 数据主体：一组订单信息
String[] names = new String[4]; // 订餐人姓名
String[] dishMegs = new String[4]; // 所选菜品
int[] times = new int[4]; // 送餐时间
String[] addresses = new String[4]; // 送餐地址
int[] states = new int[4]; // 订单状态： 0：已预定 1：已完成
double[] sumPrices = new double[4]; // 总金额
```

### 2. 访问订单信息

采用如下方式访问各数组中的第 i+1 条订单信息。

订餐人姓名：names[i]。

所选菜品：dishMegs[i]。

送餐时间：times[i]。

送餐地址：addresses[i]。

订单状态：states[i]。

总金额：sumPrices[i]。

### 3. 删除订单信息

若需删除数组中下标为 delId 的元素，则后面的元素依次前移一位，即后一位的数据覆盖前一位的数据：

```
//执行删除操作:删除位置后的元素依次前移
for(int j=delId-1;j<oSet.names.length-1;j++){
    oSet.names[j] = oSet.names[j+1];
    oSet.dishMegs[j] = oSet.dishMegs[j+1];
    oSet.times[j] = oSet.times[j+1];
    oSet.addresses[j] = oSet.addresses[j+1];
    oSet.states[j] = oSet.states[j+1];
}
```

依次实现后，将最后一个元素置为空。

### 4. 计算订单的总金额

本项目中，在接收到订单的菜品编号和份数之后，通过菜品编号-1 得到该菜品单价的保存位置，利用“单价*份数”公式计算出预订菜品的总金额。同时，按“菜品名+份数”格式，使用“+”运算符将菜品名称和预订份数用字符串保存，如“红烧带鱼 2 份”。

```
// 用户点菜
System.out.print("请选择您要点的菜品编号:");
int chooseDish = input.nextInt();
System.out.print("请选择您需要的份数:");
int number = input.nextInt();
String dishMeg = dishNames[chooseDish - 1] +" "+ number + "份";
double sumPrice = prices[chooseDish - 1] * number;
```

利用 if 选择结构或三元运算符“? :”判断订单的总金额是否满 50 元。如果订单的总金额满 50 元，免送餐费 5 元；否则，加收 5 元送餐费。

```
//计算送餐费
double deliCharge = (sumPrice>=50) ? 0 : 5;
```

# 8.2 项目需求

## 8.2.1 用例 1：数据初始化

（1）创建 OrderingMgr 类，在 main()方法中定义 6 个数组，分别存储 6 类订单信息：订餐人姓名（name）、所选菜品（dishMegs）、送餐时间（times）、送餐地址（addresses）、订单状态（states）、总金额（sumPrices）。

（2）创建 3 个数组，用来存储 3 种菜品名称、菜品单价和点赞数。

参考实现代码如下：

```
// 供选择的菜品信息
String[] dishNames = { "辣椒炒肉", "香干回锅肉", "时令鲜蔬" }; // 菜品名称
double[] prices = new double[] { 22.0, 20.0, 10.0 }; // 菜品单价
int[] praiseNums = new int[3]; // 点赞数
```

（3）初始化订单信息如表 8.1 所示。

表 8.1 初始化订单信息

| name | dishMegs | times | addresses | states | sumPrices |
| --- | --- | --- | --- | --- | --- |
| 张三 | 辣椒炒肉 2 份 | 12 | 天成路 207 号 | 1 | 49.0 |
| 张三 | 香干回锅肉 2 份 | 18 | 天成路 207 号 | 0 | 25.0 |

参考实现代码如下：

```
//初始化第 1 条订单信息
oSet.names[0] = "张三";
oSet.dishMegs[0] = "辣椒炒肉 2 份";
oSet.times[0] = 12;
oSet.addresses[0] = "天成路 207 号";
oSet.sumPrices[0] = 49.0;
oSet.states[0] = 1;

//初始化第 2 条订单信息
oSet.names[1] = "张三";
oSet.dishMegs[1] = "香干回锅肉 2 份";
oSet.times[1] = 18;
oSet.addresses[1] = "天成路 207 号";
oSet.sumPrices[1] = 25.0;
oSet.states[1] = 0;
```

### 8.2.2　用例 2：实现菜单切换

执行程序，输出系统主菜单。用户根据显示的主菜单，输入功能编号，实现菜单的显示和菜单的切换，如下所示。

```
欢迎使用“外卖订餐系统”
****************************
1. 我要订餐
2. 查看餐袋
3. 签收订单
4. 删除订单
5. 我要点赞
6. 退出系统
****************************
请选择：1
***我要订餐***
输入 0 返回：0
****************************
1. 我要订餐
2. 查看餐袋
3. 签收订单
4. 删除订单
5. 我要点赞
6. 退出系统
****************************
请选择：6
谢谢使用，欢迎下次光临！
```

具体要求如下：

（1）当输入 1~5 时，输出相关的菜单项信息。

（2）显示“输入 0 返回：”。输入 0，则返回主菜单；否则，退出系统，终止程序的运行，输出提示信息“谢谢使用，欢迎下次光临！”。

参考实现步骤如下：

（1）使用 do…while 循环实现主菜单的操作控制。

```
int num = -1; // 用户输入 0 返回主菜单，否则退出系统
boolean isExit = false; // 标志用户是否退出系统： true:退出系统

System.out.println("\n 欢迎使用“外卖订餐系统”");
// 循环：显示菜单，根据用户选择的数字执行相应功能
```

```
do {
    // 显示菜单
    System.out.println("****************************");
    System.out.println("1.我要订餐");
    System.out.println("2.查看餐袋");
    System.out.println("3.签收订单");
    System.out.println("4.删除订单");
    System.out.println("5.我要点赞");
    System.out.println("6.退出系统");
    System.out.println("****************************");
    System.out.print("请选择：");
    int choose = input.nextInt(); // 记录用户选择的功能编号

    // 根据用户选择的功能编号执行相应功能
    // ①
    if (!isExit) {
        System.out.print("输入 0 返回：");
        num = input.nextInt();
    } else {
        break;
    }
} while (num == 0);
```

（2）在以上的 do…while 循环中标记①处编写代码，利用 switch 语句实现菜单的切换。

```
// 根据用户选择的功能编号执行相应功能
switch (choose) {
case 1:
    // 我要订餐
    System.out.println("***我要订餐***");
    break;
case 2:
    // 查看餐袋
    System.out.println("***查看餐袋***");
    break;
case 3:
    // 签收订单
    System.out.println("***签收订单***");
    break;
case 4:
    // 删除订单
    System.out.println("***删除订单***");
```

```
        break;
    case 5:
        // 我要点赞
        System.out.println("***我要点赞***");
        break;
    case 6:
        // 退出系统
        isExit = true;
        break;
    default:
        //退出系统
        isExit = true;
        break;
}
```

## 8.2.3　用例 3：实现“查看餐袋”功能

遍历系统中已有的订单，并逐条显示输出，内容包括序号、订餐人姓名、餐品信息（菜品名和份数）、送餐时间、送餐地址、状态（已预订或已完成）、总金额。如下是查看餐袋的运行结果：

```
欢迎使用“外卖订餐系统”
****************************
1. 我要订餐
2. 查看餐袋
3. 签收订单
4. 删除订单
5. 我要点赞
6. 退出系统
****************************
请选择：2
***查看餐袋***
序号  订餐人  餐品信息        送餐时间  送餐地址        总金额   订单状态
1     张三    辣椒炒肉 2 份   12 时     天成路 207 号   49.0 元  已完成
2     张三    香干回锅肉 2 份 18 时     天成路 207 号   25.0 元  已预定
输入 0 返回：
```

在 switch 语句的 case 2 分支中，利用 for 循环遍历全部订单，显示当前餐袋中所有名称不为空的订单的信息。参考实现代码如下：

```
// 查看餐袋
```

```
    System.out.println("***查看餐袋***");
    System.out.println("序号\t 订餐人\t 餐品信息\t\t 送餐时间\t 送餐地址\t\t 总金额\t 订单状态");
    for(int i=0;i<names.length;i++){
        if(names[i]!=null){
            String state = (states[i]==0)?"已预定":"已完成";
            String date = times[i]+"日";
            String sumPrice = sumPrices[i]+"元";
            System.out.println((i+1)+"\t"+names[i]+"\t"+dishMegs[i]+"\t"
+date+"\t"+addresses[i]+"\t"+sumPrice+"\t"+state);
        }
    }
```

### 8.2.4 用例 4：实现“我要订餐”功能

为用户显示系统中提供的菜肴信息，获得订餐人信息，形成订单。每条订单包含如下信息：

- **订餐人姓名** 要求用户输入。
- **所选菜品及份数** 显示 3 个供选择的菜品（包括编号、名称、单价），提示用户输入要选择的菜品编号及份数。
- **送餐时间** 当天 10 点至 20 点间整点送餐，要求用户输入 10~20 的整数。输入错误，则要求重新输入。
- **送餐地址** 要求用户输入。
- **状态** 订单的当前状态。订单有两种状态：0 为已预订（默认状态），1 为已完成（订单已签收）。
- **总金额** 订单总金额。总金额=菜品单价*份数+送餐费。其中，当单笔订单金额达到 50 元时，免收送餐费；否则，加收 5 元送餐费。

订餐成功后，显示订单信息。运行结果如下：

```
欢迎使用“外卖订餐系统”
****************************
1. 我要订餐
2. 查看餐袋
3. 签收订单
4. 删除订单
5. 我要点赞
6. 退出系统
****************************
请选择：1
***我要订餐***
请输入订餐人姓名：李四
```

```
序号    菜名        单价
1       辣椒炒肉    22.0 元
2       香干回锅肉  20.0 元
3       时令鲜蔬    10.0 元
请选择您要点的菜品编号:2
请选择您需要的份数:3
请输入送餐时间（送餐时间是 10 点至 20 点间整点送餐）:12
请输入送餐地址：湖南长沙芙蓉区
订餐成功!
您订的是：香干回锅肉 3 份
送餐时间：12 点
餐费：60.0 元，送餐费 0.0 元，总计：60.0 元。
输入 0 返回：
```

相同下标的各数组中的数据组成一条订单信息，因此向每个数组相同下标的位置各增加一条数据并保存。实现步骤如下：

（1）利用 for 循环遍历全部订单。

（2）使用 if 语句获取 names 数组中第一个值为 null 的位置。

（3）逐项接收订单信息。

（4）使用 if 语句，根据所选菜品总金额获取送餐费。

（5）添加订单信息。

参考实现代码如下：

```
// 我要订餐
System.out.println("***我要订餐***");
for (int j = 0; j < names.length; j++) {
    if (names[j] == null) { // 找到第一个空位置，可以添加订单信息
        isAdd = true; // 置标志位，可以订餐
        System.out.print("请输入订餐人姓名：");
        String name = input.next();
        // 显示供选择的菜品信息
        System.out.println("序号" + "\t" + "菜名" + "\t" + "单价");
        for (int i = 0; i <dishNames.length; i++) {
            String price = prices[i] + "元";
            String priaiseNum = (praiseNums[i]) > 0 ? praiseNums[i] + "赞" : "";
            System.out.println((i + 1) + "\t" + dishNames[i] + "\t" + price + "\t"
+ priaiseNum);
        }
        // 用户点菜
        System.out.print("请选择您要点的菜品编号:");
```

```
            int chooseDish = input.nextInt();
            System.out.print("请选择您需要的份数:");
            int number = input.nextInt();
            String dishMeg = dishNames[chooseDish - 1] + " " + number + "份";
            double sumPrice = prices[chooseDish - 1] * number;
            // 餐费满 50 元，免送餐费 5 元
            double deliCharge = (sumPrice>= 50) ? 0 : 5;
            System.out.print("请输入送餐时间（送餐时间是 10 点至 20 点间整点送餐）:");
            int time = input.nextInt();
            while (time < 10 || time > 20) {
                System.out.print("您的输入有误，请输入 10~20 间的整数！");
                time = input.nextInt();
            }
            System.out.print("请输入送餐地址：");
            String address = input.next();
            // 无须添加状态，默认是 0，即已预定状态
            System.out.println("订餐成功！");
            System.out.println("您订的是：" + dishMeg);
            System.out.println("送餐时间：" + time + "点");
            System.out.println("餐费：" + sumPrice + "元，送餐费"
    + deliCharge + "元，总计：" + (sumPrice + deliCharge) + "元。");
            // 添加数据
            names[j] = name;
            dishMegs[j] = dishMeg;
            times[j] = time;
            addresses[j] = address;
            sumPrices[j] = sumPrice + deliCharge;
            break;
        }
    }
    if (!isAdd) {
        System.out.println("对不起，您的餐袋已满！");
    }
```

### 8.2.5 用例 5：实现“签收订单”功能

送餐完成后，要将用户签收订单的状态由“已预订”修改为“已完成”，如下所示：

```
****************************
1. 我要订餐
2. 查看餐袋
3. 签收订单
```

```
4. 删除订单
5. 我要点赞
6. 退出系统
****************************
请选择：3
***签收订单***
请选择要签收的订单序号：2
订单签收成功！
输入 0 返回：
```

要求如下：

（1）如果订单的当前状态为“已预订”，数组下标为用户输入的订单序号减 1，就签收。

（2）如果订单的当前状态为“已完成”，数组下标为用户输入的订单序号减 1，不可签收。

控制台接收要签收的订单序号。利用 for 循环遍历全部订单，通过 if 语句判断 names 数组中订餐人姓名是否为 null、订单状态是否为“已预定”、数组下标是否为指定订单序号减 1。如果条件成立，将该订单的状态值修改为 1（即“已完成”）。

参考实现代码如下：

```
// 签收订单
System.out.println("***签收订单***");
System.out.print("请选择要签收的订单序号：");
int signOrderId = input.nextInt();
for (int i = 0; i < names.length; i++) {
    // 状态为“已预定”，序号为用户输入的订单序号：可签收
    // 状态为“已完成”，序号为用户输入的订单序号：不可签收

    if (names[i] != null && states[i] == 0 && signOrderId == i + 1) {
        states[i] = 1; // 将状态置为“已完成”
        System.out.println("订单签收成功！");
        isSignFind = true;
    } else if (names[i] != null && states[i] == 1 &&signOrderId == i + 1) {
        System.out.println("您选择的订单已完成签收，不能再次签收！");
        isSignFind = true;
    }
}
// 未找到订单序号：不可签收
if (!isSignFind) {
    System.out.println("您选择的订单不存在！");
}
```

### 8.2.6 用例 6：实现“删除订单”功能

我们可以删除系统中处于“已完成”状态的订单，具体要求如下：

（1）接收要删除的订单序号。

（2）如果指定订单的状态为“已完成”且数组下标值为用户输入的订单序号减 1，执行删除操作。

（3）如果指定订单的状态为“已预订”且数组下标值为用户输入的订单序号减 1，不能删除。

执行删除操作，其他情况给出相应的提示信息，运行结果如下：

```
****************************
1. 我要订餐
2. 查看餐袋
3. 签收订单
4. 删除订单
5. 我要点赞
6. 退出系统
****************************
请选择：4
***删除订单***
请输入要删除的订单序号:3
您要删除的订单不存在!
输入 0 返回：
```

分步实现以下功能：

（1）查找订单序号相符、订单名称不为空且状态为“已完成”的订单。

（2）执行删除该序号订单的操作，即后一位元素覆盖前一位元素，最后一位清空。

（3）如果指定订单的状态是“已预订”，则不允许删除。

利用 for 循环遍历 names 数组和 states 数组，进行查找。参考实现代码如下：

```
// 删除订单
System.out.println("***删除订单***");
System.out.print("请输入要删除的订单序号:");
int delId = input.nextInt();
for (int i = 0; i < names.length; i++) {
    // 状态值为“已完成”、序号值为用户输入的序号：可删除
    // 状态值为“已预定”、序号值为用户输入的序号：不可删除
    if (names[i] != null && states[i] == 1 &&delId == i + 1) {
        isDelFind = true;
```

```
        // 执行删除操作：删除位置后的元素依次前移
        for (int j = delId - 1; j < names.length - 1; j++) {
            names[j] = names[j + 1];
            dishMegs[j] = dishMegs[j + 1];
            times[j] = times[j + 1];
            addresses[j] = addresses[j + 1];
            states[j] = states[j + 1];
        }
        // 最后一位清空
        names[names.length - 1] = null;
        dishMegs[names.length - 1] = null;
        times[names.length - 1] = 0;
        addresses[names.length - 1] = null;
        states[names.length - 1] = 0;

        System.out.println("删除订单成功！");
        break;
    } else if (names[i] != null && states[i] == 0 &&delId == i + 1) {
        System.out.println("您选择的订单未签收，不能删除！");
        isDelFind = true;
        break;
    }
}

// 未找到该序号的订单：不能删除
if (!isDelFind) {
    System.out.println("您要删除的订单不存在！");
}
```

### 8.2.7 用例 7：实现“我要点赞”功能

选择执行“我要点赞”菜单项，界面显示菜品序号、菜品名、单价、点赞数，提示用户输入要点赞的菜品序号。运行结果如下：

```
*****************************
1. 我要订餐
2. 查看餐袋
3. 签收订单
4. 删除订单
5. 我要点赞
6. 退出系统
```

```
****************************
请选择：5
***我要点赞***
序号      菜名          单价
1         辣椒炒肉      22.0元    0赞
2         香干回锅肉    20.0元    0赞
3         时令鲜蔬      10.0元    0赞
请选择您要点赞的菜品序号：1
点赞成功!
输入0返回：
```

实现步骤如下：

（1）用 for 循环输出全部菜品的序号、菜名、单价和点赞数（如为 0 可不显示）。

（2）接收要点赞的菜品序号。

（3）praiseNums 中对应菜品的点赞数加 1。

参考实现代码如下：

```
// 我要点赞
System.out.println("***我要点赞***");
// 显示菜品信息
System.out.println("序号" + "\t" + "菜名" + "\t" + "单价");
for (int i = 0; i <dishNames.length; i++) {
    String price = prices[i] + "元";
    String priaiseNum = (praiseNums[i]) > 0 ? praiseNums[i] + "赞" : "0赞";
    System.out.println((i + 1) + "\t" + dishNames[i] + "\t" + price + "\t" +
priaiseNum);
}
System.out.print("请选择您要点赞的菜品序号：");
int priaiseNum = input.nextInt();
praiseNums[priaiseNum - 1]++; // 点赞数加1
System.out.println("点赞成功！");
```

## 本章作业

1．根据项目需求和设计要求，检查并完成本项目的各项功能。

2．总结项目完成情况，记录项目开发过程中的得失，写 500 字以上的项目总结及感想。

# 反侵权盗版声明